现代数学基础

75 分形和现代分析引论

 马 力

高等教育出版社·北京

内容提要

本书主要介绍了一些比较现代的分析数学的重要概念和定理以及分形的相关知识，内容包括：Cantor 集及其数字系统描述、距离空间和不动点定理、迭代函数系统、简明的测度论、Hausdorff 测度、分形的维数、Vitali 覆盖引理和位势、有界变差函数和可求长度曲线、Brouwer 定理等。本书的亮点之一是给出了一维的 Rademacher 定理的证明以及 Brouwer 不动点定理的简单证明。

本书可作为数学及相关专业高年级本科生和研究生学习分形理论和现代分析的教学参考资料，也可供科研工作者学习使用。

图书在版编目（CIP）数据

分形和现代分析引论 / 马力著 . -- 北京：高等教育出版社，2022.6

ISBN 978-7-04-058045-7

Ⅰ. ①分… Ⅱ. ①马… Ⅲ. ①分形学 - 研究②分析（数学）- 研究 Ⅳ. ① O415. 5 ② O17

中国版本图书馆 CIP 数据核字（2022）第 020867 号

FENXING HE XIANDAI FENXI YINLUN

策划编辑	李　鹏	责任编辑	和　静	封面设计	张　楠		责任绘图	黄云燕
版式设计	王艳红	责任校对	窦丽娜	责任印制	刘思涵			

出版发行	高等教育出版社		网　　址	http://www.hep.edu.cn
社　　址	北京市西城区德外大街4号			http://www.hep.com.cn
邮政编码	100120		网上订购	http://www.hepmall.com.cn
印　　刷	三河市华润印刷有限公司			http://www.hepmall.com
开　　本	787mm × 1092mm 1/16			http://www.hepmall.cn
印　　张	11.25			
字　　数	160 千字		版　　次	2022年 6月第 1 版
购书热线	010-58581118		印　　次	2022年 6月第 1 次印刷
咨询电话	400-810-0598		定　　价	59.00 元

本书如有缺页、倒页、脱页等质量问题，请到所购图书销售部门联系调换

物料号　58045-00

献给我的家人,
感谢他们对我学术研究的理解和在生活里的照顾.

前言

对一个成熟的数学工作者来说, 写一本适合高年级本科生或者一年级研究生阅读又比较前沿的现代分析数学书往往是困难的. 不管是作为参考书还是数学教材, 作者肯定要罗列一些比较系统的数学概念和定理, 然后给出一些漂亮的证明, 但这些都不是最终的目的; 最终的目的是培养学生和年轻的数学爱好者的数学能力, 展示数学的力度和数学之美.

如果以此为目的, 那么就需要有原则地挑选一些素材来试图达到这个目的. 下面就是我写**本书的原则**: 尽量展示数学之美, 比如对称性. 我尽量展示一些有重要影响力的数学概念和有意义的著名的结论, 展示一些论证的魅力.

由于分形理论和现代 (高等) 分析都是正在飞速发展的领域, 要想写出比较前沿的内容是困难的, 所以我选取那些在前沿研究中经常用到的内容. 这里的取材也参考了美国普林斯顿大学和哈佛大学相应前沿课程的教学内容. 这里提到的现代分析是指实分析和几何测度论, 没有包含已经独立成课程的复分析和泛函分析, 也与普通的实变函数有很大的区别. 所以我把目标限定在介绍常用的现代分析基础知识上, 比如各种覆盖引理的使用, 一些稠密性定理的使用等. 一方面, 这些知识对研究分形有用, 另一方面, 这些基础知识对于其他科学领域也是常用的. 我个人觉得, 分形理论的一些基础知识也是现代实分析和几何测度论的基础知识, 所以在引论的很多地方, 突出了 Hausdorff 测度和 Lipschitz 函数的作用; 另外, 也强调了 (压缩) 迭代关系的重要性, 还特别给出由紧集构成的 Hausdorff 距离空间的完备性证明, 这个内容对读者学习和理解 Riemann 几何中的 Riemann 流形序列的 Hausdorff 收敛性是大有益处的. 现代分析也可以称为高等分析. 在高等分析里, 证明存在性一般用压缩映射不动点定理或者拓扑不动点定理, 证明光滑性要用 Vitali 覆盖引理和一些分割技术. 我这里只给出了这方面的初步知识. 当然, 一些很要紧的存在性问题要通过紧性来得到; 比如在研究曲线流的过程中, 要用到陈省身先生的导师 Blaschke 的选择定理, 即: **闭的单位球里任意非空紧集序列有收敛子列**, 这里的收敛是本书中介绍的 Hausdorff 距离的意义下的收敛. 但这个方面要引申到泛函分析和拓扑学中的 ϵ-网的概念, 这里就不介绍了. 我在这里特别强调一点: 虽然在本书里给出了在研究平面曲线流中使用的等周不等式的证明, 但 Bonnesen 的加强版的等周不等式则需要读者去查阅 Osserman 写的论文.

我之所以要编写这样一本前沿分析数学导引, 主要原因有两个. 一个是作者对分形的图像之美无比欣赏. 另一个是作者对几何测度论很有兴趣, 而国内这个方向的研究还很薄弱. 所以, 我专门写了一节介绍可求长度曲线, 这类曲线是几乎处处可微的, 而且曲线的长度可以用导数绝对值的积分表示出来. 几何测度论中的高维可求长度集合具有这种可微的属性和整数维的 Hausdorff 测度, 并且可以把这种集合的体积定义成它们的 Hausdorff 测度; 粗略地说, 这种集合对于 Hausdorff 测度收敛是封闭的, 所以在合适的约束集合里面积泛函总有极小. 有了这种属性, 就可以用局部的微分同胚来做这种体积的第一变分. 特别地, 在可求长度集合的极值点处, 人们可以导出合适的微分关系来获得更好的正则性 (即光滑性). 尽早知道这个想法自然对以后学习和研究几何测度论很有好处. 可以说, 本书是专门针对对数学研究和应用有兴趣的高年级本科生和研究生而写的. 这个讲义也可以作为高年级本科生或者研究生 32 到 48 学时的课程教材. 但如果作为 64 学时的课程教材, 教师或者可以补充一些积分理论的细节, 比如 Fatou 引理和 Lebesgue 控制收敛定理的证明, 这里推荐文

献 [1] 作参考, 或者也可以多补充一些不动点定理和应用. 值得指出
的是, 或许本讲义给出的 Brouwer 不动点定理的证明是已存在的教
材里最简单的证明了. 本讲义部分内容由编者过去在清华大学给本
科生讲实分析 (实变函数) 课和在北京科技大学给本科生讲分形理论
课的讲稿合并而成; 从教学效果来看, 学生反映良好.

　　分形数学和现代/高等分析的应用前景是非常广泛的. 特别地,
根据分形理论创始人、著名数学家 Mandelbrot 教授的说法 [4], 分
形存在于科学的各个方面. 分形数学在现代通信理论中的应用是明
确的, 很多漂亮的分形图像来自计算机图像学科. 任何对数学在科学
中的应用感兴趣的青年学者或者学生都应该了解一些关于分形的数
学理论和高等分析的基本结果, 而我在这里正好介绍了好几个分析数
学上基本的定理. 特别值得指出的是, 现代数学中很多重要的结果都
与覆盖和积分有关, 所以学习这门课程是非常要紧的.

　　本讲义所包含的**主要内容**如下: 先介绍一些大家需要明确的基本
知识, 首先要引入的分形集合是 Cantor 的三分集合, 简称 Cantor 集.
为了更好地了解 Cantor 集的性质, 引入了数字系统, 比如三进制数
字系统等. 而为了以后更好地了解分形的迭代函数系统, 回顾高等数
学或者数学分析中的 Newton 迭代法, 由于把迭代关系的收敛性问题
按不动点问题来处理, 所以引入在泛函分析理论里常见的距离空间、
压缩映射和不动点定理. 讲解了 Hausdorff 距离以及由非空紧集构成
的空间在这个距离下是完备的. 有了这些准备, 自然地引入了迭代函
数系统, 由此来生成一些分形集合比如 von Koch 曲线, Sierpiński 三
角形等. 为了引入分形维数, 我们需要讲解一些简单的测度论, σ-代
数. 作为最有用的测度, 系统地介绍 R^n 上的各种 Hausdorff 测度和
对应的 Hausdorff 维数. 简单地介绍集合的盒子维数和拓扑维数, 以
说明一个集合的维数有不同定义. 这样通过分形的 Hausdorff 测度来
定义分形的维数, 特别是计算一些分形维数, 比如 Sierpiński 三角形、
自形似分形. 介绍 Vitali 覆盖和 Newton 位势, 以及一般的位势来说
明分形维数和这些概念的联系. 特别介绍一些连续曲线在什么情况
下有一维的 Hausdorff 测度, 比如引入可求长度曲线, 对这类曲线, 可
以把它们的长度用积分形式写出来. 专门利用一节来证明 R^n 中开的

有界凸集的边界具有有限的 $n-1$ 维的 Hausdorff 测度. 介绍了著名的 Brunn-Minkowski 不等式和等周不等式的证明. 还特别给出了平面上边界曲线是可求长度的简单闭曲线的有界区域的等周不等式的证明. 本书的**亮点之一**是给出一维的 Rademacher 定理的证明, 很多书都是假设这个结论来证明高维的 Rademacher 定理. 由于不动点问题的普遍存在性, 给出最有用也最基本的 Brouwer 不动点定理的简单证明, 这也是本书的**一个亮点**. 本书还介绍几个研究热点, 比如曲线流问题, 再比如 Monge-Ampère 方程; 自然, 这个方向的一个极好的参考书是 [9]. 当然, 研究流形上的等周不等式的最佳常数问题本身就是一个基本问题, 这个问题可以这么描述: 给定一个 Riemann 流形中的边界面积给定的一类区域, 找一个体积最大者. 这个方向还有一些猜想没有得到解决; 这个方向的研究的强有力工具是几何测度论, 在寻找最大者的过程里, 人们需要用一些对称化的办法或者用几何流来演化. 抽象地说, 几何学中的基本问题是在合适的范围里找最优的形状的几何图形.

本书配备练习题和作业题, 其中的练习题可用于教师和学生一起讨论或者学习小组互相探讨. 而作业题是要求独立完成的问题, 用于考查学生的平时成绩. 一般来说, 在课程开始时, 先介绍一些分形图形来说明分形和自然界几何体的联系.

古人曰: **读书破万卷, 下笔如有神**. 所以自主读书很要紧.

古人又曰: **听君一席话, 胜读十年书**. 所以听课很要紧. 自学和听讲都是获取知识的基本途径.

关于记号说明, 我们常用 $\varnothing$ 代表空集, 而用 c 来代表一些一致的正常数, 它们在不同的地方, 数值上可能是不一样的; $A \approx B$ 代表的就是 $c'A \leqslant B \leqslant cA$. 再就是我们常记对数运算为 $\log = \ln$, 而用 $\mathcal{Z}$ 代表整数集合, $\mathcal{N}$ 代表自然数集合, $\mathcal{Q}$ 代表有理数集合. 其他的记法基本上和其他的书籍是一致的.

由于不假设学生学习过拓扑学和实变函数课程, 所以我们在用到这些方面的知识时, 给予了补充说明. 国外分形理论课的教材推荐参考文献 [2, 3, 12]. 本书的主要目的是介绍一些比较现代的分析数学的重要概念和定理, 本书可作为高年级本科生和研究生学习分形理论和现代分析的教材或者参考书.

马力
2019 年 9 月底于北京清华园

目录

1 引论

我们先从分形谈起. **分形**是指欧氏空间一些具有 "对称" 特点的集合, 这些集合的数学研究的动力来自大自然. 大自然有很多物质具有特殊的对称结构, 这些物质也就是我们所谓的分形. 分形的概念是 B. Mandelbrot 提出的, 他在研究 Julia 集合时发现有一类迭代生成的集合有些特殊的对称性. 给定一个映射 $F: X \to X$, 我们考察其迭代 $F^n = F \circ \cdots \circ F: X \to X$ $(n \geqslant 1)$ 的不变集; 一种特殊的点称为周期点: 在这种点 $z \in X$ 处有一个 N 使得 $F^N(z) = z$. 所谓 Julia 集合就是复平面上复的二次多项式函数或者高阶多项式函数的满足其导数绝对值大于一的周期点集合的闭包. 由于分形理论的研究领域正在逐步扩大范围, 目前, 准确定义分形的概念是困难的. 但是大体上说, 这个概念的定义一般有如下特点.

分形的概念: 分形是具有某些特殊对称性的通过迭代关系产生的集合. 其特点是:

1. 有对称性, 可以由良好的变换迭代生成;

2. 其 Hausdorff 维数是分数.

分形理论的研究具有广泛的应用前景, 比如计算机图像领域、电子通信领域、医学领域等.

在本书的前半部分里, 我们的主题之一是介绍研究分形的一些基本工具 (比如, 迭代关系、数字系统、Hausdorff 测度和 Hausdorff 维数), 以及一些相关联的重要的数学概念和结论, 特别会提起凸函数、等周不等式. 通过这个课程的学习, 学生可以为以后学习调和分析、偏微分方程、概率论、几何测度论等打下有用的基础. 在学完本书后, 希望学习几何测度论的读者, 可以参考文献 [5∼7]. 在学习本书内容时, 会遇到一些拓扑学中的概念, 虽然我们给予了介绍, 但由于这个方向对以后研究数学的基本重要性, 建议读者以后学习并参考 [10, 11].

2 基础知识

本节介绍欧氏空间中集合的紧性和连通性, 这两个概念是数学的基本概念. 即使在欧氏空间里单独谈它们也是非常值得的. 我们回忆一些欧氏空间里大家都知道的概念比如开集和闭集、闭包、稠密集, 以及关于连续函数和平面曲线的结论. 这些结论对于我们以后定义分形很有用处. 我们还要介绍数学分析中的一些概念和结论, 比如凸函数和几个基本的不等式.

2.1　几个基本概念

先回忆, 欧氏空间 R^n 的几个基本概念. 对 $x = (x_1, \cdots, x_n) \in R^n$, 定义

$$|x| = \sqrt{x_1^2 + \cdots + x_n^2}.$$

一个集合 $A \subset R^n$ 的补集为 $A^c = R^n \backslash A = \{x \in R^n; x \notin A\}$.

对 $p \in R^n$, $\epsilon > 0$, 定义

$$B(p, \epsilon) = B_\epsilon(p) = \{x \in R^n; |x - p| < \epsilon\},$$

称之为以 p 为中心, ϵ 为半径的开球, 简称开球. 定义

$$D(p, \epsilon) = \{x \in R^n; |x - p| \leqslant \epsilon\},$$

称之为以 p 为中心, ϵ 为半径的闭球. 对于一个集合 A, $p \in A$, 如果

存在小球 $B(p, \epsilon) \subset A$, 就称这个点是一个集合 A 的内点.

一个开集就是多个 (可以是无穷个) 开球的并集. 开集的补集合叫作闭集. 一个集合 A 的闭包就是包含这个集合的所有闭集的交集, 记为 $\overline{A}$. 一个集合 A 的内部就是包含在这个集合内的所有开集的并集, 记为 A°. 所以, 一个集合 A 的内部就是由它的内点构成的集合. 一个集合的边界由这样的点构成: 每个包含这样的点的小球里既有这个集合的点也有这个集合外部的点, 记为 ∂A. 一个集合 A 在集合 B 里稠密是指 $A \subset B \subset \overline{A}$. 称点 p 是一个集合 A 的极限点, 是指每个包含点 p 的小球里都有集合 A 里的点. 对于闭集, 我们知道它的极限点在它里面.

我们通常称 R^n 中一个有界开集是一个区域. 我们称定义在区域 D 上的一个函数 f 是 Lipschitz 函数是指存在一个正数 L 使得

$$|f(x) - f(y)| \leqslant L|x - y|, \quad x, y \in D.$$

一个集合 $A \subset R^n$ 的 δ 邻域定义为

$$A_\delta = \{x \in R^n; d(x, A) < \delta\}, \quad \delta > 0,$$

这里

$$d(x, A) = \inf_{y \in A} |x - y|.$$

对 $x = (x_1, \cdots, x_n), y = (y_1, \cdots, y_n) \in R^n$, 定义内积

$$(x, y) = x \cdot y = \sum_j x_j y_j.$$

容易证明下面的 Cauchy-Schwarz 不等式, 即对任何 $x, y \in R^n$, 有

$$|(x, y)| \leqslant |x||y|.$$

事实上, 对于 $t \in R, y \neq 0, |x + ty|^2 \geqslant 0$, 即

$$|x + ty|^2 = |x|^2 + 2tx \cdot y + t^2|y|^2 \geqslant 0.$$

取 $t = -\dfrac{x \cdot y}{|y|^2}$, 我们有

$$|x + ty|^2 = |x|^2 - \frac{(x \cdot y)^2}{|y|^2} \geqslant 0.$$

所以

$$(x \cdot y)^2 \leqslant |x|^2 |y|^2.$$

开方即得结论. 这个不等式可以有一个非常简单的几何证明如下: 假设 $x \neq 0$, 我们把 y 分解成 $x/|x|$ 和垂直于它的两个分量的和式 $y = (y \cdot x/|x|)x/|x| + y^{\perp}$. 那么

$$|y|^2 = (y \cdot x/|x|)^2 + |y^{\perp}|^2 \geqslant (y \cdot x/|x|)^2,$$

不等式为等式的充要条件是 $0 = y - (y \cdot x/|x|)x/|x|$. 这个可能是目前为止教科书中最简单的证明.

对 $x, y \in R^n$, 记 $d(x, y) = |x - y|$. 我们有三角不等式

$$d(x, y) \leqslant d(x, z) + d(z, y), \quad z \in R^n.$$

这个不等式我们经常要用. 根据

$$\begin{aligned}
|x - y|^2 &= |(x - z) + (z - y)|^2 \\
&= |x - z|^2 + 2(x - z) \cdot (z - y) + |z - y|^2 \\
&\leqslant |x - z|^2 + 2|x - z||z - y| + |z - y|^2 \\
&= (|x - z| + |z - y|)^2,
\end{aligned}$$

开方立即得到三角不等式.

当然, 我们还可以通过引入自由参数 $\lambda > 0$ 来证明三角不等式. 对于 $x \neq 0$, 直接展开

$$0 \leqslant |x - y|^2 = |x|^2 - 2x \cdot y + |y|^2,$$

所以,

$$2x \cdot y \leqslant |x|^2 + |y|^2,$$

把 x 换成 $\sqrt{\lambda}x$, 把 y 换成 $y/\sqrt{\lambda}$, 我们有

$$2x \cdot y \leqslant \lambda|x|^2 + |y|^2/\lambda.$$

取 $\lambda = \dfrac{|y|}{|x|}$, 我们得到

$$x \cdot y \leqslant |x||y|.$$

在上面的不等式里换 y 为 $-y$ 就有

$$-x \cdot y \leqslant |x||y|.$$

综合之, 即得三角不等式.

注记 在解析几何里常常定义 R^n 中两个向量的内积为

$$(x, y) = |x||y| \cos \theta,$$

这里, θ 为向量 x, y 之间的夹角. 实际上, 这两个定义是一样的. 我们只需要对非零的向量来证明即可. 假设我们有几何的定义, 那么, 取坐标系使得

$$x = (|x|, 0, \cdots, 0) = |x|e_1, \quad y = (y_1, y_2, 0, \cdots, 0) = y_1 e_1 + y_2 e_2.$$

不失一般性, 可以假设 $\theta \in (0, \frac{\pi}{2})$, 这样, $|y| = \sqrt{y_1^2 + y_2^2}$. 根据直角三角形 $0e_1y$ 中夹角的余弦公式知

$$y_1 = |y| \cos \theta.$$

所以

$$|x||y| \cos \theta = |x|y_1 = x_1 y_1.$$

反过来, 我们可以把这两个向量放在前面的坐标系里, 根据定义, 这两个向量之间的夹角满足 $\cos \theta = y_1/|y|$, 即夹角的余弦等于邻边的长比斜边的长. 于是, 根据代数定义式

$$\sum x_i y_i = x_1 y_1 = |x||y| \cos \theta.$$

利用这个解析几何的定义, 可以给出 Cauchy-Schwarz 不等式的一个简单证明. 在这个证明里, 我们用到了两个向量张成的线性空间. 这个论证的一个副产品是我们证明了两种内积定义是一样的. 现在我们利用这个机会, 给出矩形矩阵行列式的几何意义. 比如我们可以假设 $n = 2$, $A = (a_1 a_2)$, 这里 $a_1 = (a_{11}, a_{21})^t$, $a_2 = (a_{12}, a_{22})^t$ 为 A 的两个列向量. 按定义, A 的行列式等于 $|A| = a_{11}a_{22} - a_{21}a_{12}$. 我们可以假设这两个列向量线性无关并构成一个右手系. 我们先单位化 a_1 得到 $e_1 = a_1/|a_1|$, 这样我们考虑非零向量 $a_2 - (a_2, e_1)e_1$ 并

单位化它得到 $e_2 = \dfrac{a_2 - (a_2, e_1)e_1}{|a_2 - (a_2, e_1)e_1|}$. 这个就是大家熟悉的 Gram-Schmidt 正交化过程. 记 $h = |a_2 - (a_2, e_1)e_1|$, 它就是向量 a_1, a_2 构成的矩形 R 的高长, 而 $|a_1|$ 就是底边的长. 按定义, R 的面积等于 $|a_1|h$. 由 h 的定义, 于是我们有 $he_2 = a_2 - (a_2, e_1)e_1$. 改写之, 我们有 $a_2 = (a_2, e_1)e_1 + he_2$. 这样, 我们的矩阵 $A = (a_1 a_2) = (|a_1|e_1(a_2, e_1)e_1 + he_2)$. 利用行列式消元的性质, 我们知道行列式 $|A| = ||a_1|e_1 he_2| = |(e_1 e_2)(|a_1| \bigoplus h)|$, 这里可写出正交矩阵 $Q = (e_1 e_2)$, 而 $(|a_1| \bigoplus h)$ 是一个对角矩阵, 其行列式等于 $|a_1|h$ 也等于 $|A|$. 总结之, 我们就是利用矩阵的 QR 分解来给出矩阵行列式的绝对值和矩阵列向量构成的矩形的体积是一样的. 了解概念之间的联系是一个数学工作者在数学上有成熟性的重要一步.

给定一个固定的点 $x_0 \in R^n$, 定义

$$f(x) = |x - x_0|.$$

根据三角不等式

$$f(x) - f(y) \leqslant |x - y|$$

和

$$f(y) - f(x) \leqslant |x - y|,$$

所以有

$$|f(x) - f(y)| \leqslant |x - y|,$$

这就是说, 距离函数是 Lipschitz 的. 如果 $x \neq x_0$, 那么,

$$\nabla f(x) = (x - x_0)/|x - x_0|.$$

我们把这个关系的验证留作思考题.

定义 2.1　称 $\{U_\beta\}$ 是集合 A 的开覆盖是指每个 U_β 是开集, 而且 $A \subset \bigcup_\beta U_\beta$. 称 $\{U_\beta\}$ 是有限覆盖指的是 β 只能取有限个数.

命题 2.2　实轴 R 上的任何开集 U 都可以由可数个开区间的并集覆盖.

证明 对 $x \in U$, 记 $I_x \subset U$ 为包含 x 的最大开区间. 于是 $I_x = (a_x, b_x)$, $a_x < x < b_x$. 这样,

$$U = \bigcup I_x.$$

注意, 对不同的 x, y, I_x 和 I_y 要么重合要么不相交. 所以, 开区间族 $\{I_x\}$ 中的元素是互不相交的开区间. 在每个开区间里都可以取一个有理数. 从而,

$$\{I_x\} = \{J_i\},$$

这里 J_i 是至多可数多个开区间. 证毕.

2.2 紧集

对我们来说, 重要的是欧氏空间的紧集的概念. 所谓欧氏空间的紧集 A 是指, 对于 A 的任何开覆盖 $\{U_\beta\}$, 都有有限子覆盖. 我们有下面的 Heine-Borel 定理.

定理 2.3 欧氏空间的任何一个有界闭集 A 是紧集.

证明 我们这里给出证明的大致思路如下. 假设有一个开覆盖 $\mathbb{F}$ 不能有任何有限子覆盖. 那我们先把 A 放在一个正方形里, 等分正方形边长做分割, 这样细分 A 为最多 2^n 个闭集, 里面至少有一个子闭集 A_1 不能有任何有限子覆盖. 然后, 我们接着把 A_1 再分成 2^n 等子份个闭集; 如此下去, 得到闭集套 $A \supset A_1 \supset \cdots$, 取 $x_n \in A_n$, 这样对 $m > n$, $|x_m - x_n| \leqslant 2^{-n} d(A)$. 这里

$$d(A) = \operatorname{diam}(A) = \sup\{d(x, y); x, y \in A\}$$

是 A 的直径. 令

$$x_0 = \lim_{n \to \infty} x_n.$$

由于 $x_0 \in A$, 所以有 $\mathbb{F}$ 中的开集 U 使得 $x_0 \in U$. 这样就有一个很大的 n, 使得 $A_n \subset U$. 但这个与 A_n 的取法矛盾. 即证.

在数学分析里, 我们学过下面的 Bolzano-Weierstrass 定理.

定理 2.4 欧氏空间的紧集就是一个有界闭集.

它是数学分析里一维欧氏空间的 Bolzano-Weierstrass 定理的一个变形, 是区间套定理的推广.

现在我们来证明 Bolzano-Weierstrass 定理: 容易看出欧氏空间里的紧集 A 是有界的. 这是因为 $\{B(x,\epsilon)\}_{x\in A}$ 是 A 的开覆盖, 所以有有限个 $\{B(x_i,\epsilon)\}$ 覆盖 A. 我们取一个大球 $B_R(p)$ 包含这几个小球可得 $A \subset B_R(p)$. 证明 A 是闭的也是容易的. 假如 $x_k \in A$, $x = \lim\limits_{k\to\infty} x_k$, 往证 $x \in A$. 如果 x 不在 A 中, 那么任取一个 $z \in A$, 存在 $\epsilon_z > 0$ 使得

$$B(x,\epsilon_z) \cap B(z,\epsilon_z) = \varnothing.$$

由于 A 紧而 $\{B(z,\epsilon_z)\}$ 是它的开覆盖, 即 $A \subset \bigcup_{z\in A} B(z,\epsilon_z)$, 所以有有限子开覆盖

$$A \subset \bigcup_{i=1}^{N} B(z_i,\epsilon_{z_i}).$$

取 $\epsilon < \min\{\epsilon_{z_i}\}$ 就有 $B(x,\epsilon)\bigcap A = \varnothing$. 这与 x 是 A 的极限点矛盾. 即证.

2.3 函数的连续性

连续性或者连续函数在数学分析或者高等数学里非常重要. 比如, 我们知道如下结论. 对于单位区间 $I = [0,1]$ 上的一个实值连续函数 $g(x)$, 它的 Fourier 级数为

$$\frac{A_0}{2} + \sum_{n=1}^{\infty}[A_n \sin(2\pi nx) + B_n \cos(2\pi nx)],$$

其中,

$$A_0 = \int_I g(x)dx,$$

$$A_n = \int_I g(x)\sin(2\pi nx)dx, \quad n \neq 0,$$

$$B_n = \int_I g(x)\cos(2\pi nx)dx, \quad n \neq 0.$$

或对一个实值连续函数 $g: I \to R$, 它的 Fourier 级数写为

$$\sum_{n=-\infty}^{\infty} a_n e^{2\pi inx},$$

其中,

$$a_n = \int_I g(x)e^{-2\pi inx}dx, \qquad a_{-n} = \overline{a}_n.$$

而对一个复值连续函数 $g: I \to C$, 它的 Fourier 级数为

$$\sum_{n=-\infty}^{\infty} a_n e^{2\pi inx},$$

其中,

$$a_n = \int_I g(x)e^{-2\pi inx}dx,$$

它在 $L^2(I)$ 意义下可以认同成 $g(x)$. 也就是有

$$\lim_{N\to\infty} \int_I |g(x) - s_N(x)|^2 dx = 0.$$

在这里,

$$s_N(x) = \frac{A_0}{2} + \sum_{n=1}^{N}[A_n\sin(2\pi nx) + B_n\cos(2\pi nx)],$$

或

$$s_N(x) = \sum_{n=-N}^{N} a_n e^{2\pi inx}.$$

我们采用无穷级数的写法, 但我们给的条件并不能保证这个级数是收敛的; 因为确实存在连续函数, 但它的 Fourier 级数是发散的. 我们知道的深刻结论是: 如果 $g \in C^1(I)$, 那么, 它的 Fourier 级数是收敛的.

回忆, 我们说函数 $f(x)$ 在一个点 x 处是可微的是指存在一个数 $f'(x)$ 满足

$$\lim_{h\to 0} \frac{f(x+h) - f(x) - f'(x)h}{h} = 0.$$

在数学分析或者高等数学里, 我们知道, 连续函数和可微函数之间存在巨大的差异; 比如, Weierstrass (在 1872 年) 构造了处处连续但处

处不可微的函数. 比如, 我们知道函数

$$\sum_{n=0}^{\infty} 2^{-n\alpha} \cos(2^n x), \quad \alpha \in (0,1)$$

就是一个处处连续但处处不可微的函数. 当然, 类似地,

$$\sum_{n=0}^{\infty} 2^{-n\alpha} \sin(2^n x), \quad \alpha \in (0,1)$$

也是一个处处连续但处处不可微的函数. 这些神奇的现象令我们感慨万千, 对这样的函数心怀迷恋.

我们现在谈谈连续函数在一个点处连续的含义. 回忆, 在数学分析的课程里, 描述函数连续性的概念是很有局限的, 比如描述连续性的 $\epsilon - \delta$ 语言虽然在验证一些例子的连续性时很实用, 但不是很几何; 当然人们说的几何往往含义不一样. 比如在描述 “连续函数的复合是连续的” 这个命题时, 这个语言描述起来就比较复杂. 我们下面看如何改进这个说法, 使得这个说法可以不依赖于距离的概念.

在数学分析中, 我们说映射

$$f\colon R^n \to R^k$$

在点 p 处连续是指, 对于任何正数 ϵ, 存在一个正数 δ, 对于 $|x-p| < \delta$, 有

$$|f(x) - f(p)| < \epsilon.$$

如果 f 在任何点处都连续, 我们就称 f 在全空间上连续. 用集合论的关系, 我们可以改写上面的叙述为: 对任何 $\epsilon > 0$, 存在 $\delta > 0$, 使得

$$f(B(p,\delta)) \subset B(f(p),\epsilon).$$

用通常的语言说就是, 给定一个靶空间的一个开球, 我们可以找到定义域中的开球, 使得它的像在靶空间的这个开球中.

现在我们引入邻域的概念, 邻域集合具有更好的集合论结构, 这个是拓扑学中的内容, 我们这里不再说明. 我们说子集 $N \subset R^n$ 是点 p 的一个邻域, 是指存在一个以 p 为中心的闭球 $D(p,r) \subset N$.

这样映射连续的概念可以这样叙述:

对于 $f(p)$ 的任何邻域 N, 存在 p 的邻域 U, 使得 $f(U) \subset N$. 或者直接这么说, 映射 f 在点 p 处连续的意思就是, 对于 $f(p)$ 的任何邻域 N, 集合 $f^{-1}(N)$ 是点 p 的邻域. 直观的意思是, 邻域的原像 (逆像) 是邻域. 或者说, 映射 f 在点 p 处连续的意思就是, 开集的逆像是开集. 这里的开集指包含 p 或者 $f(p)$ 的开集. 等价的说法是, 闭集的逆像是闭集. 知道这个叙述方法是很要紧的.

这个连续性的说法的优异之处是, 我们可以直接看出, 连续函数的复合是连续的. 一个连续映射称为同胚, 是指它有一个连续的逆映射. 这类映射常用的例子是一些自相似变换.

以上连续性就是连续函数的拓扑学定义. 这个定义有广泛的适用性. 这种定义在实际应用中, 往往用起来更方便.

一个常用的结论是, 一个有界闭区间的连续像也是紧的. 我们也常用下面的结论.

定理 2.5 给定欧氏空间的非空紧集序列 $\{S_k\}_{k=0}^{\infty}$, $S_k \supset S_{k+1}$, 则存在一个非空的紧集

$$\mathbb{S} = \bigcap_{k=0}^{\infty} S_k.$$

这个结论的证明留作思考题.

2.4   连通性

对我们来说, 另一个基本的概念是 R^n 中集合 E 的连通性.

定义 2.6   (1) 我们说 R^n 中集合 A 是连通的, 是指不存在两个开集 U, V 使得 $A \subset U \cup V$, 而且

$$A \cap U \neq \varnothing, \quad A \cap V \neq \varnothing, \quad (A \cap U) \cap (A \cap V) = \varnothing.$$

反之, 如果存在这样两个开集, 我们就称集合 A 是不连通的. 对于任何 A 中的点 x, 我们把包含 x 的 A 中的极大连通子集叫作含点 x 的连通分支, 记为 $C(x)$.

(2) 我们说 R^n 中集合 A 是完全不连通的, 是指对于 A 中的任何一点 x, $C(x) = \{x\}$. 这个定义等价于说, 对于 A 中的任何两点 x, y,

存在开集 U, V 互不相交, 有 $x \in U, y \in V$ 和 $A \subset U \cup V$.

定理 2.7 实轴 R 是连通的.

证明 如果有两个开集 U, V 满足 $R = U \cup V$, 而且

$$U \neq \varnothing, \quad V \neq \varnothing, \quad U \cap V = \varnothing,$$

我们来证这是不可能的. 由于 $U = V^c, V = U^c$, 所以 U, V 都是既开又闭的集合. 取 $u \in U, v \in V$, 不妨设 $u < v$. 定义

$$s = \sup\{m \in U, [u, m) \subset U, \ m < v\}.$$

所以 $u < s < v$, 而且 $[u, s) \subset U$, 而且对某个 $\epsilon > 0$, $(s, s+\epsilon] \subset V$; 这样 $s \in \overline{U} = U, s \in \overline{V} = V$. 所以

$$s \in U \cap V.$$

这与假设矛盾. 证毕.

利用类似的论证我们有以下定理.

定理 2.8 实轴 R 上的集合 A 是连通的充要条件是 A 是一个区间. 一个区间的连续像也是连通的.

这个定理的证明留作练习题.

2.5 平面上的 Peano 曲线

数学历史中令人惊奇的一个发现就是充满一个平面区域的 Peano 曲线. 给定一个边长等于 1 的等边三角形 $\triangle$, 我们归纳定义一系列的连续映射.

第一步: 我们先做直线段连接等边三角形底边左下方的顶点和这个等边三角形的重心, 然后再做直线段连接这个重心到这个三角形右下角的顶点; 这样我们得到一个连续曲线 $f_1 : I = [0, 1] \to \triangle$.

第二步: 我们把这个三角形分成 4 个等边的三角形; 对每个小三角形依次做直线段连接小等边三角形底边左下方的顶点和这个小等边三角形的重心, 然后再做直线段连接这个重心到这个小三角形右下角的顶点; 再以这个终点做始点做类似构造直线段连接其重心, 再连

接最靠近前一个小三角形的顶点; 如此这样做下去我们得到一个连续曲线 $f_2\colon [0,1] \to \triangle$.

　　重复这个过程我们得到连续序列 $f_n\colon [0,1] \to \triangle$. 对于 $m \geqslant n$ 和任意的 $t \in [0,1]$, 我们可以找到一个边长等于 $1/2^n$ 的小三角形包含点 $f_m(t)$ 和点 $f_n(t)$, 使得 $|f_m(t) - f_n(t)| \leqslant 1/2^n$. 所以我们可以得到一致极限 $f(t) = \lim\limits_{n\to\infty} f_n(t)$, $t \in [0,1]$; 这个连续的极限函数 $f(x)$ 就叫 Peano 曲线.

　　断言　$f(I) = \triangle$.

　　也就是说这个 Peano 曲线充满了这个等边三角形. 事实上, 对于三角形中的每个点 x, 我们有

$$d(x, f_n(I)) \leqslant 1/2^n.$$

由于

$$|f_n(t) - f(t)| \leqslant 1/2^n,$$

所以,

$$d(x, f(I)) \leqslant 1/2^{n-1}.$$

令 $n \to \infty$, 由于 $f(I)$ 是个闭集, 则,

$$x \in f(I).$$

这样我们就证明了上面的断言.

2.6　凸函数

　　与这个三角不等式关联的是函数的凸性. 所谓 $A \subset R^n$ 是凸集是指, 对于任何 $x, y \in A$, $\lambda \in [0,1]$, 有

$$\lambda x + (1-\lambda)y \in A, \quad \text{i.e.,} \quad \overline{xy} \subset A;$$

　　定义 2.9　函数 $f\colon A \subset R^n \to R$ 是凸函数是指

$$f(\lambda x + (1-\lambda)y) \leqslant \lambda f(x) + (1-\lambda)f(y), \quad x, y \in A, \quad \lambda \in [0,1]. \quad (1)$$

对于 C^2 函数, 这个条件等价于二阶导数矩阵半正定, 即 $D^2 f(x) \geqslant 0$.

假设 $A = (a, b)$, 则(1)等价于要求, 对 $a < u < v < w < b$,

$$\frac{f(v) - f(u)}{v - u} \leqslant \frac{f(w) - f(v)}{w - v}. \tag{2}$$

注: 对于可微的函数 f, 这个条件等价于对 $a < u < v < b$, 有 $f'(u) \leqslant f'(v)$.

例子 根据定义, 对 $f(x) = |x|$, 由三角不等式有

$$f(\lambda x + (1 - \lambda)y) = |\lambda x + (1 - \lambda)y| \leqslant \lambda|x| + (1 - \lambda)|y|$$
$$= \lambda f(x) + (1 - \lambda)f(y).$$

关于**凸函数**的一个重要结论是 Jensen 定理.

Jensen 定理 假设函数 $f : (a, b) \to R$ 是凸函数, 于是对于任何可积函数 $h : \Omega \subset R^n \to (a, b)$ 有

$$f\left(\frac{1}{|\Omega|} \int_\Omega h(x)dx\right) \leqslant \frac{1}{|\Omega|} \int_\Omega f(h(x))dx.$$

这里 $|\Omega|$ 是有界区域 Ω 的测度.

证明 现在我们来证明这个定理. 不失一般性, 我们假设 $|\Omega| = 1$. 记 $v = \int_\Omega h(x)dx$. 于是 $a < v < b$. 定义

$$\beta = \sup\left\{\frac{f(v) - f(u)}{v - u}, u \in (a, v)\right\},$$

这样,

$$\beta(v - u) + f(u) \geqslant f(v),$$

即

$$f(u) \geqslant f(v) + \beta(u - v), \quad u \in (a, v).$$

于是由(2)知道, 对 $w \in (v, b)$,

$$\beta \leqslant \frac{f(w) - f(v)}{w - v},$$

即有

$$f(w) \geqslant f(v) + \beta(w - v), \quad w \in (v, b).$$

综合之, 我们有

$$f(w) \geqslant f(v) + \beta(w - v), \quad w \in (a, b).$$

取 $w = h(x)$, 我们有

$$f(h(x)) \geqslant f(v) + \beta(h(x) - v),$$

积分之, 利用 $\int_\Omega h(x)dx = v$, 我们知道

$$\int_\Omega f(h(x))dx \geqslant f(v) + \beta \left(\int_\Omega h(x)dx - v \right) = f(v).$$

证毕.

注　以上这个证明过程是很有意思的, 值得深入理解.

下面我们给出这个定理的一个应用, 用它来推导出算术 – 几何不等式.

例子　$\Omega = [0, N)$, $B_i = [i - 1, i)$, $i = 1, \cdots, N$.

$$f(x) = e^x, \quad \Omega = \bigcup_{i=1}^N B_i,$$

这里 $|B_i| = 1$. 所以 $|\Omega| = N$. 定义

$$h(x) = b_i, \quad x \in B_i.$$

由 f 的凸性知道,

$$e^{\sum b_i/N} \leqslant \frac{1}{N} \sum_i e^{b_i}.$$

令

$$a_i = e^{b_i},$$

于是有

$$\left(\prod_i a_i \right)^{\frac{1}{N}} \leqslant \frac{1}{N} \sum_i a_i,$$

这个就是著名的算术 – 几何不等式.

例子 **Hölder 不等式**: 对于 $a, b > 0, p, q \geqslant 1, \dfrac{1}{p} + \dfrac{1}{q} = 1$, 有

$$ab \leqslant \frac{1}{p}a^p + \frac{1}{q}b^q.$$

证明 写

$$ab = e^{\log a + \log b} = e^{\frac{1}{p}\log a^p + \frac{1}{q}\log b^q},$$

所以, 利用指数函数的凸性有

$$ab \leqslant \frac{1}{p}e^{\log a^p} + \frac{1}{q}e^{\log b^q} = \frac{1}{p}a^p + \frac{1}{q}b^q.$$

作业题

对 $1 < p, q < \infty, f, g \in C(\overline{\Omega})$, 记

$$|f|_p = (\int_\Omega |f|^p dx)^{1/p}, \quad |g|_q = (\int_\Omega |g|^q dx)^{1/q}.$$

证明:

(1) **Hölder 不等式**:

$$\left| \int_\Omega fg\, dx \right| \leqslant |f|_p |g|_q, \quad \frac{1}{p} + \frac{1}{q} = 1.$$

(2) **三角不等式**: 对 $p \geqslant 1$,

$$|f + g|_p \leqslant |f|_p + |g|_p.$$

2.7 Lebesgue 引理

下面, 我们介绍著名的 Lebesgue 引理. 这个引理一般是在拓扑学课程里讲解的, 读者以后或许会用到. 我们这里介绍它是因为以后定义 Hausdorff 测度和分形维数, 必须要用到覆盖的个数这个概念. 所以我们觉得现在就有必要介绍这个 Lebesgue 引理.

Lebesgue 引理 假设 S 是欧氏空间中的紧集. 假设 $\mathbb{F}$ 是 S 的开覆盖 $\{U\}$, 那么存在一个正数 $\delta > 0$, 称为 Lebesgue 数, 使得 S 中的直径小于 δ 的任何子集必然包含在 $\mathbb{F}$ 的某个成员里.

现在我们来证明 Lebesgue 引理.

证明   我们采用反证法. 如果这个结论不对, 则我们可以找到一个集合序列 E_j, $j = 1, 2, \cdots$, 对 $j \to \infty$, $\mathrm{diam}(E_j) \to 0$, 没有一个这样的 E_j 可以包含在 $\mathbb{F}$ 的任何成员里. 取 $x_j \in E_j$, 这样的点列有极限点 p, 即 $x_j \to p$ 而且 $p \in S$. 所以存在某个 $U \subset \mathbb{F}$ 使得 $B(p, \epsilon) \subset U$. 取 E_K, $\mathrm{diam}(E_K) < \epsilon/2$ 和 $x_K \in B(p, \epsilon/2) \cap E_K$. 于是对任何 $x \in E_K$, 有

$$d(x, x_K) < \epsilon/2, \quad d(x_K, p) < \epsilon/2,$$

所以由三角不等式知道,

$$d(x, p) < \epsilon.$$

即有 $E_K \subset B(p, \epsilon) \subset U$, 这与 E_j 的取法矛盾.

证毕.

练习题

1. 假设 $K \subset R^n$ 是紧的, $f \colon K \to R^k$ 连续, 证明: $f(K)$ 是紧的.

2. 假设 $K \subset R^n$ 是连通的, $f \colon K \to R^k$ 连续, 证明: $f(K)$ 是连通的.

3 Cantor 集 C

本节主要谈谈 Cantor 集 C, 这个集合大家或许在很多地方已经知道了. 我们介绍它, 是因为它可以作为分形的一个最基本的例子; 也就是说我们讨论 Cantor 集, 是把它作为一个最基本的分形模型.

现在, 我们归纳构造 **Cantor 集** C: 定义 $C_0 = [0, 1]$. 把它三等分去掉中间的开区间. 我们得 $C_1 = [0, 1/3] \cup [2/3, 1]$. 如此把它的每个区间再三等分, 去掉中间的开区间. 我们得:

$$C_2 = [0, 1/3^2] \cup [2/3^2, 1/3] \cup [2/3, 7/3^2] \cup [8/3^2, 1].$$

类似可以定义 C_k.

于是我们得到一组集合

$$C_0 \supset C_1 \supset C_2 \supset \cdots \supset C_k \supset \cdots .$$

定义 3.1 Cantor 集 C 为

$$C = \bigcap C_k.$$

注意: C_1 中区间的端点是 $m/3$, $m = 0, 1, 2, 3$; C_2 中区间的端点是 $m/3^2$, $m = 0, 1, 2, 3, 3^2 - 3, 3^2 - 2, 3^2 - 1, 3^2$. 一般而言, C_k 中区间的端点是 $m/3^k$, $m = 0, 1, 2, 3, \cdots, 3^k - 3, 3^k - 2, 3^k - 1, 3^k$.

作业题

1. Cantor 集 C 是完全不连通的. 也就是说, 给定 Cantor 集 C

中的任何两个点, 总有一个不属于 Cantor 集 C 中的点介于这两个点之间.

2. 另外 Cantor 集 C 是完美的, 也就是说, 任何一个 Cantor 集 C 的点都不是孤立点, 也就是说它是极限点.

三进制数观点:

对 $x \in [0, 1]$,

$$x = \sum_{k \geqslant 1} a_k 3^{-k},$$

这里

$$a_k \in \{0, 1, 2\}.$$

我们也记

$$x = (0.a_1 a_2 \cdots)_3.$$

由于

$$1/3 = \sum_{k \geqslant 2} 2/3^k,$$

可以写为

$$1/3 = (0.10000 \cdots)_3 = (0.022222 \cdots)_3.$$

所以, 按照这个表达式关系, 这个 x 的表达式不是唯一的. 由 C 的构造, 我们有如下结论.

命题 3.2

$$C = \{\sum a_k 3^{-k}; \ a_k = 0, 2\}.$$

例子   可以写

$$1/4 = (0.020202 \cdots)_3.$$

提示: 记 $a = 1/3^2$, 有 $\dfrac{1}{1-a} = 1 + a + a^2 + a^3 + \cdots$, 于是

$$1/4 = \frac{1}{3+1} = \frac{3-1}{3^2-1} = 2a \frac{1}{1-a}.$$

作业题

1. 1/4 不属于任何 C_k 的区间端点. 但 $1/4 \in C$.

2. 证明 Cantor 集 C 的任何点都不是孤立点. 也就是说, 对任何 $\epsilon > 0$ 和 $a \in C$, 区间 $(a - \epsilon, a + \epsilon)$ 中含有另一个 C 中的点.

提示: 对 k 很大, 区间 $(a - \epsilon, a + \epsilon)$ 必然含有 C_k 中的一个区间 I_k 的端点 $x_k \neq a$ 使得

$$|a - x_k| \leqslant 3^{-k} < \epsilon.$$

4 Cantor 集的数字系统描述

本节介绍数字系统, 它是理解分形结构的一种有特殊意义的手法. 在日常生活中, 大家熟悉的数字系统是十进制系统. 但对于计算机系统, 要用二进制数字系统.

4.1 数字系统

大家比较熟悉的十进制数字系统可以看成关于基底是十的一种展开式. 我们介绍的是如何构造一般的数字系统.

设定一个数 b, 我们称之为根 (或者基). 给定一个数集合

$$D = \{a_1, \cdots, a_k\}.$$

定义 4.1　数字系统的整数由如下形式的数字构成

$$x = \sum_{j=0}^{M} a_j b^j,$$

其中 $a_j \in D$.

分数为

$$x = \sum_{j=-\infty}^{-1} a_j b^j,$$

其中 $a_j \in D$.

一般数为

$$x = \sum_{j=-\infty}^{M} a_j b^j, \quad M \in Z,$$

其中 $a_j \in D$.

比如十进制 $b = 10$, $D = \{0, 1, 2, \cdots, 9\}$.

二进制 $b = 2$, $D = \{0, 1\}$. 在二进制中, 区间 $(0, 1)$ 中的数都可以写成

$$x = \sum_j a_j 2^{-j},$$

这里 $a_j = 0, 1$.

也可以有 -2 进制 $b = -2$, $D = \{0, 1\}$.

C 是三进制的子系统, 这里 $b = 3$, $D = \{0, 2\}$. 在这个系统里, 数字的表示是唯一的.

命题 4.2 $x \in C$ 的充要条件是 $x = \sum_j a_j 3^{-j}$, 这里 $a_j = 0, 2$.

证明   注意

$$1/3 = (0.10000\cdots)_3,$$

$$2/3 = (0.12222\cdots)_3,$$

因此, 去掉的区间 $(1/3, 2/3)$ 是 0.1 位数里带 1 的.

根据

$$1/3^2 = (0.010000\cdots)_3,$$

$$2/3^2 = (0.012222\cdots)_3,$$

以及

$$7/3^2 = 1/3 + (0.010000\cdots)_3 = (0.110000\cdots)_3,$$

$$8/3^2 = 1/3 + (0.012222\cdots)_3 = (0.112222\cdots)_3.$$

因此, 去掉的区间 $(1/3^2, 2/3^2) \cup (7/3^2, 8/3^2)$ 是 0.01 和 0.11 位数带 1 的.

如此这样, 剩下的数就形如 $x = \sum_j a_j 3^{-j}$, 这里 $a_j = 0, 2$. 证毕.

注记 根据这个结果, 我们可以看出 Cantor 集 C 和区间 $[0,1]$ 是一一对应的. 这个对应为

$$x = \sum_j a_j 3^{-j} \in C \to \check{x} = \sum_j \left(\frac{1}{2} a_j\right) 2^{-j} \in [0,1].$$

作业题

定义 F 为区间 $[0,1]$ 中按十进制不带 5 的数字构成的集合, 请模仿 Cantor 集合的数字表示给出第 k 代区间 F_k, 把 F 写成

$$F = \bigcap F_k.$$

4.2 Cantor-Lebesgue 函数

我们下面构造一些 Cantor-Lebesgue 函数的逼近映射.

定义 $F_1: [0,1] \to [0,1]$, $F_1(0) = 0$, $F_1(x) = 1/2$ (对 $x \in [1/3, 2/3]$), $F_1(1) = 1$. F_1 在 C_1 上线性.

定义 $F_2: [0,1] \to [0,1]$, $F_2(0) = 0$, $F_2(x) = 1/2^2$ (对 $x \in [1/3^2, 2/3^2]$), $F_2(x) = 1/2$ (对 $x \in [1/3, 2/3]$), $F_2(x) = 3/2^2$ (对 $x \in [7/3^2, 8/3^2]$), $F_2(1) = 1$. F_2 在 C_2 上线性.

如此这样我们可以定义函数列 $\{F_n\}$.

注意, 根据构造过程, 我们可以看出

$$|F_{n+1}(x) - F_n(x)| \leqslant 2^{-n-1}.$$

所以, 函数列 $\{F_n\}$ 有一致极限连续函数极限 F, 称之为 Cantor-Lebesgue 函数. 由定义知道, $F: C \to [0,1]$ 是满映射.

由于几乎处处有

$$F_n'(x) = 0,$$

所以几乎处处有

$$F'(x) = 0.$$

练习题

证明: $[0,1]$ 上一致 Lipschitz 函数列 $\{f_n\}: \mathrm{Lip}(f_n) \leqslant L$ 有一致极限连续函数极限 f, 而且这个极限也是 Lipschitz 函数.

5 距离空间和不动点定理

本节的核心内容是**距离空间和压缩映射**. 当然, 在合适的距离空间上, 压缩映射本身是非常重要的一类映射, 对于证明各种存在性定理非常有用. 应该说, 这里介绍的压缩迭代过程是非常基本也非常有用的. 为了引入自然一些, 我们先介绍大家可能熟悉的 Newton 迭代法.

5.1 Newton 迭代法

或许在数学分析或者微积分中, 最实用的算法就是 Newton 迭代法, 我们用这个办法来找一个函数的零点.

给定一个光滑函数

$$f\colon R \to R, \quad x, h \in R.$$

我们的目标是求解 $f(x) = 0$. 也就是说, 我们要找到一个点 x_0 满足 $f(x_0) = 0$.

利用 Taylor 展开式我们有

$$f(x + h) = f(x) + f'(x)h + O(h^2).$$

记 $x_{n+1} = x + h$, $x_n = x$, $h = x_{n+1} - x_n$.

如果 $f(x + h) = 0$, 于是近似地有

$$f(x) + f'(x)h = 0.$$

则

$$h = -[f'(x)]^{-1} f(x).$$

这样

$$x_{n+1} - x_n = h = -[f'(x_n)]^{-1} f(x_n).$$

所以有

$$x_{n+1} = x_n - [f'(x_n)]^{-1} f(x_n).$$

这个就是 Newton 迭代法.

作业题

查阅文献, 给出 Newton 迭代法的误差估计.

Newton 迭代法可以写成不动点迭代关系.

记

$$T(x) = x - [f'(x)]^{-1} f(x).$$

Newton 迭代法可以写为

$$x_{n+1} = T(x_n).$$

这个映射 T 的不动点 x, 即 $T(x) = x$, 满足 $[f'(x)]^{-1} f(x) = 0$, 这样 $f(x) = 0$.

例子

$$f(x) = x^2 - 3,$$

它的正根是 $\sqrt{3}$.

$$f'(x) = 2x,$$

$$[f'(x)]^{-1} f(x) = \frac{1}{2x}(x^2 - 3) = \frac{1}{2}\left(x - \frac{3}{x}\right).$$

于是

$$T(x) = x - \frac{1}{2}\left(x - \frac{3}{x}\right) = \frac{1}{2}\left(x + \frac{3}{x}\right).$$

此时的 Newton 迭代法可以写为

$$x_{n+1} = \frac{1}{2}\left(x_n + \frac{3}{x_n}\right).$$

练习题

给定一个光滑函数

$$f: R^n \to R^n, \quad f(x) \in C^1(R^n, R^n).$$

假如对于某个球 $B_r(x_0)$, $f: B_r(x_0) \to B_r(x_0)$, $Df(x)$ 有逆矩阵. 给出条件保证下面的迭代关系收敛:

$$x_{n+1} = x_n - [Df(x_n)]^{-1} f(x_n), \quad n = 0, 1, 2, \cdots.$$

5.2 欧氏空间中的压缩映射定理

对 $x, y \in R^n$, 记它们之间的欧氏距离为 $d(x, y) = |x - y|$.

定义 5.1 欧氏空间中的压缩映射: 假定 $B \subset R^n$ 为闭集, $T: B \to B$. 如果存在一个常数 $\alpha \in (0, 1)$ 使得

$$d(Tx, Ty) \leqslant \alpha d(x, y), \quad x, y \in B,$$

我们称 $T: B \to B$ 为压缩映射.

压缩映射定理 假定 $B \subset R^n$ 为闭集, $T: B \to B$ 为压缩映射. 则存在唯一的一个不动点 x_*, $T(x_*) = x_*$.

这个定理通常称为 Banach 不动点原理. 它对完备距离空间也成立 (见下面).

证明 任取 $x_0 \in B$. 归纳定义

$$x_{k+1} = T(x_k), \quad k = 0, 1, 2, \cdots,$$

于是

$$|x_{k+1} - x_k| = |f(x_k) - f(x_{k-1})| \leqslant \alpha |x_k - x_{k-1}|,$$

这样就有

$$|x_{k+1} - x_k| \leqslant \alpha^k |x_1 - x_0|.$$

对任何 $m > n \geqslant 1$,

$$|x_m - x_n| = \left| \sum_{k=n}^{m-1} (x_{k+1} - x_k) \right| \leqslant \sum_{k=n}^{m-1} |x_{k+1} - x_k|,$$

所以

$$|x_m - x_n| \leqslant \sum_{k=n}^{m-1} \alpha^k |x_1 - x_0| \leqslant \alpha^n \frac{|x_1 - x_0|}{1-\alpha}.$$

这就是说点列 $\{x_k\}$ 是 B 中的基本列. 所以有极限

$$x_\infty = \lim_{k\to\infty} x_k \in B.$$

根据 T 连续和对关系式

$$x_{k+1} = T(x_k)$$

取极限, 我们得到

$$x_\infty = T(x_\infty).$$

如果 $z \in B$ 是一个不动点, 则

$$|z - x_\infty| = |T(z) - T(x_\infty)| \leqslant \alpha|z - x_\infty|,$$

所以 $z = x_\infty$.

作业题

查阅文献, 给出压缩映射迭代法的误差估计.

5.3　距离空间上的压缩映射

数学上一个重要的概念是距离空间. 我们需要说清楚的是在一个集合上, 距离函数的定义或者它是什么意思.

定义 5.2　给定一个集合 X, 我们称 (X, d) 是一个距离空间是指, d 满足下面的三个条件:

(1) 对 $d(x,y) \geqslant 0, d(x,y) = 0$ 有 $x = y$;

(2) (对称性) $d(x,y) = d(y,x)$;

(3) (三角不等式) $d(x,y) \leqslant d(x,z) + d(z,y)$.

这里 $d: X \times X \to R_+$ 称为距离函数.

定义 5.3　给定一个距离空间 (X, d), 称它是一个完备距离空间是指每个 Cauchy 序列是收敛的. 所谓 Cauchy 序列是指一个序列

$(x_k) \subset X$ 满足

$$d(x_k, x_j) \to 0, \quad k, j \to \infty.$$

所以完备是指对这样的序列, 存在一个极限点 x, 有 $d(x_k, x) \to 0$; 我们常写为 $x = \lim_k x_k$.

简单说, 这个距离空间 (X, d) **是完备的意思**就是每个 Cauchy 序列是收敛的.

例子 n 维欧氏空间 $X = R^n$ 是距离空间.

对 $x = (x_1, \cdots, x_n), y = (y_1, \cdots, y_n)$, 其上的距离函数是

$$d(x, y) = |x - y| = \sqrt{\sum_j |x_j - y_j|^2}.$$

对于这个距离, 欧氏空间 R^n 是完备的.

给定 R^n 上一个有界光滑区域 U, 我们可以在具有紧支撑集的连续函数空间 $C_0(U)$ 上引入距离如下: 对 $f, g \in C_0(U)$, 定义

$$d(f, g) = \max_{x \in U} |f(x) - g(x)|.$$

定义 5.4 一个向量空间 E 是赋范向量空间, 是指其上有一个函数 $H: E \to R_+$, 记 $H(f) = |f|, f \in E$, 它满足三个条件:

(1) 对 $|f| \geqslant 0, |f| = 0$ 有 $f = 0$;

(2) $|\lambda f| = |\lambda||f|, \quad \lambda \in R$;

(3) $|f + g| \leqslant |f| + |g|$.

可以验证, $(C_0(U), d)$ 是一个完备距离空间. 实际上它是一个赋范向量空间, 也就是

$$|f| := \max_{x \in U} |f(x)|$$

是一个范数.

定义 5.5 (1) 完备的赋范向量空间称为 Banach 空间.

(2) 赋范向量空间 $(X, |\cdot|)$ 上的有界线性泛函就是一个实值线性映射 $m: X \to R$, 而且

$$|m| := \sup_{\{f: |f| \leqslant 1\}} |m(f)| < \infty.$$

注记 $(C_0(U), d)$ 上的有界线性泛函就是 Radon 测度, 我们以后给出描述.

定义 5.6   给定距离空间 (X, d) 和映射 $T\colon X \to X$. 映射 $T\colon (X, d) \to (X, d)$ 是压缩的是指存在一个常数 $\alpha \in (0, 1)$ 使得

$$d(Tx, Ty) \leqslant \alpha d(x, y);\ \ x, y \in X.$$

我们称 $T\colon X \to X$ 为压缩映射.

Banach 不动点原理   假设 (X, d) 是完备距离空间. 对于压缩映射 $T\colon X \to X$, 存在唯一的不动点.

证明   证明方法如同欧氏空间里的证明, 我们给出简要证明. 任取 $x_0 \in X$.

定义

$$x_{k+1} = Tx_k, \quad k = 0, 1, 2, \cdots.$$

注意, 序列 $\{x_k\}$ 满足

$$d(x_{k+1}, x_k) \leqslant \alpha d(x_k, x_{k-1})$$
$$\leqslant \cdots$$
$$\leqslant \alpha^k d(x_1, x_0).$$

对 $m > n$, $m, n \to \infty$, 有

$$d(x_m, x_n) \leqslant \sum_{k=n}^{m-1} d(x_{k+1}, x_k)$$
$$\leqslant \sum_{k=n}^{m-1} \alpha^k d(x_1, x_0) \to 0.$$

这样由完备性, 序列 $\{x_k\}$ 有极限 $x_* \in X$. 可以验证这个点是唯一的不动点: $Tx_* = x_*$. 事实上, 对 $x = x_*$,

$$d(x, Tx) \leqslant d(x, x_k) + d(Tx, Tx_{k-1})$$
$$\leqslant d(x, x_k) + \alpha d(x, x_{k-1}) \to 0,$$

所以 $x = Tx$. 如果有两个不动点, 由

$$d(x,y) = d(Tx,Ty) \leqslant \alpha d(x,y)$$

得到

$$d(x,y) = 0,$$

即有唯一性.

证毕.

球上的压缩映射定理 给定 $B = \{x \in X; d(x,x_0) \leqslant r\}, T: B \to X$ 为 α 压缩映射. 如果 $d(x_0, Tx_0) \leqslant (1-\alpha)r$, 那么 $T: B \to B$ 在 B 里有一个不动点.

事实上, 对 $x \in B$,

$$d(Tx, x_0) \leqslant d(Tx, Tx_0) + d(x_0, Tx_0)$$

$$\leqslant \alpha d(x, x_0) + (1-\alpha)r$$

$$\leqslant r.$$

所以 $T: B \to B$.

直接验证可以知道, 对迭代关系

$$x_{n+1} = g(x_n), \quad g: R^n \to R^n \in C^1,$$

如果

$$|Dg(x)| \leqslant \alpha \in (0,1),$$

那么映射 g 有一个不动点.

带参数的不动点定理 现在我们谈谈带参数的不动点定理.

给定两个完备的距离空间 I 和 X, 假设我们有一致的压缩映射

$$f: I \times X \to X, \quad d_X(f(s,x), f(s,y)) \leqslant \alpha d_X(x,y), \quad x, y \in X, s \in I,$$

其中 $\alpha \in (0,1)$. 定义

$$f_s(x) = f(s,x), \quad s \in I, x \in X.$$

对 $f_s: X \to X$ 我们有唯一的不动点 x_s.

我们有如下断言: 假设 $f: I \times X \to X$ 连续, 那么 $s \to x_s$ 连续.

事实上, 对 $t \in I$, 根据连续性, 对 $\epsilon > 0$, 存在 $\delta > 0$,

$$d_I(t,s) < \delta, \quad d_X(x,x_t) < \delta,$$

使得

$$d_X(f(s,x), f(t,x_t)) < \epsilon.$$

所以

$$d_X(x_s, x_t) = d_X(f(s,x_s), f(t,x_t))$$
$$\leqslant d_X(f(s,x_s), f(s,x_t)) + d_X(f(s,x_t), f(t,x_t))$$
$$\leqslant \alpha d_X(x_s, x_t) + \epsilon.$$

这样就有

$$(1-\alpha)d_X(x_s, x_t) \leqslant \epsilon.$$

这个就是所要的连续性.

练习题

对于 $n \times n$ 矩阵 A, 定义

$$f(x) = Ax + b, \quad x \in R^n, \ b \in R^n.$$

给出条件保证 f 在某个球 $B_r(b)$ 里有一个不动点.

6 迭代函数系统 IFS

本节我们引入研究和构造分形的基本手法——迭代函数系统. 大家对迭代关系应该是不陌生的, 为了保证迭代出来的集合有收敛性, 我们需要用到一些特殊的压缩映射的概念. 下面用到的 d_H 在定义 6.1 中给出, 而 H^s 在第 9 章中介绍.

6.1 作为不动点的分形

我们主要讨论以下这样一种分形. 所谓相似变换就是指这样的 $F: R^n \to R^n$, $F(x) = rAx + a$, $r > 0$, $a \in R^n$, $A \in O(n)$.

对一组相似变换 $F_k : R^n \to R^n$, $1 \leqslant k \leqslant m$; $F_k(x) = r_k A_k x + a_k$, $r_k > 0$, $a_k \in R^n$, $A_k \in O(n)$, 定义一个紧集之间的映射

$$\breve{F}(A) = \bigcup F_k(A),$$

如果所有 $r_k \in (0, 1)$, 那么, 我们有

$$d_H(\breve{F}(A), \breve{F}(B)) \leqslant \sup_k d_H(F_k(A), F_k(B))$$

$$\leqslant \sup_k r_k d_H(A, B).$$

由于 $0 < \sup_k r_k < 1$, 所以, 可以用不动点定理证明: 存在一个非空紧集 A 使得

$$\breve{F}(A) = A.$$

我们称这样的集合是一个分形 (fractal). 当然, 还存在其他形式的分形.

证明的思路如下. 取一个相似变换 $F: R^n \to R^n$, $F(x) = rAx + a$, $r \in (0,1)$.

对 $B = \{x \in R^n; |x| \leqslant R\}$, 我们有

$$|F(x)| \leqslant |F(x) - F(0)| + |F(0)| \leqslant r|x| + |F(0)| \leqslant rR + |F(0)|.$$

现在要求

$$R \geqslant rR + |F(0)|, \quad \text{i.e.,} \quad R \geqslant \frac{|F(0)|}{1-r}.$$

立即有

$$F(B) \subset B.$$

这样我们可以用不动点定理.

6.2　Hausdorff 距离和不变集

我们希望在紧集构成的空间上引入压缩映射从而使用不动点定理. 这样我们需要引入 Hausdorff 距离.

回忆, 对集合 $A \subset R^n$, 我们有以下约定.

$$d(x, A) = \inf_{z \in A} d(x, z),$$
$$A^\delta = \{x; d(x, A) < \delta\} := N_\delta(A),$$
$$d(B, A) = \sup_{x \in B} d(x, A).$$

对称化这个 $d(B, A)$, 我们有:

定义 6.1　集合 A, B 之间的 Hausdorff 距离定义为

$$d_H(A, B) = \sup\{d(A, B), d(B, A)\}.$$

所以

$$d_H(A, B) = \inf\{\delta; B \subset A^\delta, \ A \subset B^\delta\}.$$

我们定义 R^n 中的非空紧子集空间为 $\mathbb{K}$.

定理 6.2 ($\mathbb{K}, d_H$) 是完备距离空间. 对

$$A, B, C, D \subset \mathbb{K},$$

我们有

$$d_H(A \cup B, C \cup D) \leqslant \sup\{d_H(A, C), d_H(B, D)\}.$$

证明 我们先证上面的不等式. 不妨设 $d_H(A, C) \geqslant d_H(B, D)$.
取 $\delta > d_H(A, C)$ 使得 $A \subset C^\delta$, $B \subset D^\delta$, 于是

$$A \cup B \subset C^\delta \cup D^\delta \subset (C \cup D)^\delta.$$

同理

$$C \cup D \subset (A \cup B)^\delta.$$

所以

$$d_H(A \cup B, C \cup D) \leqslant \delta.$$

由于 $\delta > d_H(A, C)$ 任意, 所以

$$d_H(A \cup B, C \cup D) \leqslant d_H(A, C).$$

下面我们只证明三角不等式.

为了证明三角不等式:

$$d_H(A, B) \leqslant d_H(A, C) + d_H(C, B),$$

我们取 $a \in A$, $c \in C$, 这样有

$$
\begin{aligned}
d(a, B) &= \inf_{b \in B} d(a, b) \\
&\leqslant \inf_{b \in B}(d(a, c) + d(c, b)) \\
&= d(a, c) + \inf_{b \in B} d(c, b) \\
&= d(a, c) + d(c, B) \\
&\leqslant d(a, c) + d(C, B).
\end{aligned}
$$

所以

$$d(a, B) \leqslant \inf_{c \in C} d(a, c) + d(C, B)$$

$$= d(a, C) + d(C, B)$$

$$\leqslant d(A, C) + d(C, B).$$

于是,

$$d(A, B) \leqslant d(A, C) + d(C, B).$$

这样有

$$d(A, B) \leqslant d_H(A, C) + d_H(C, B).$$

对换 A, B 的位置, 我们有

$$d(B, A) \leqslant d_H(A, C) + d_H(C, B).$$

这样就证明了三角不等式.

关于 $\mathbb{K}$ 的完备性, 我们给出证明如下: 我们取一个 Cauchy 列 $\{A_n\}$, 定义 A 为由 $x_n \in A_n$ 做成的收敛序列的极限点集合. 首先存在一个大的正数 $R > 0$, 使得对于任何 $n > 1$,

$$d_H(A_1, A_n) \leqslant R.$$

所以 A_n 都包含在一个闭的大球中; 由此我们可以看出这个集合 A 是一个非空紧集而且是 Cauchy 列 $\{A_n\}$ 的极限, 我们证明如下. 对于任何 $x \in A$, 对很大的 $N > 1$, $n \geqslant N$, $d(x_n, x) < \epsilon$, 而且可以设对 $n, m \geqslant N$,

$$d_H(A_n, A_m) < \epsilon.$$

对于任何一个很大的 m, 取 $y_m \in A_m$ 使得 $d(x_n, y_m) < \epsilon$, 那么

$$d(y_m, x) \leqslant d(x_n, y_m) + d(x_n, x) < 2\epsilon.$$

所以,

$$A \subset N_{2\epsilon}(A_m).$$

反过来, 对任何一个 $y \in A_m$, 我们可以取 $k_1 = m$, $k_j > m$, $j = 2, \cdots$, 使得

$$d_H(A_{k_j}, A_n) < \frac{\epsilon}{2^j}, \quad \forall n \geqslant k_j.$$

以如下方式定义点列 $\{y_k\}$: 对 $k < m$, 取 $y_k \in A_k$; 对 $k = m$, 取 $y_m = y$; 注意此时对 $k_j < k \leqslant k_{j+1}$, 取 $y_k \in A_k$ 使得

$$d(y_k, y_{k_j}) < \frac{\epsilon}{2^j};$$

注意此时 $d(y, y_k) < \epsilon$, $\forall k > m$.

这样取的点列 $\{y_k\}$ 是一个基本列, 所以有极限 $x \in A$ 而且 $d(x, y) < \epsilon$. 所以, $A_m \subset N_\epsilon(A)$. 这就是说, $d_H(A_m, A) \to 0$. 容易看出紧集的 Hausdorff 极限是紧的.

这样就证明了这个定理.

作业题

给出这个命题的最后一步的证明细节.

假设 $F : R^n \to R^n$ 为 Lipschitz 映射: 即对于 $x, y \in R^n$,

$$d(F(x), F(y)) \leqslant cd(x, y), \quad c > 0.$$

回忆 $F(K) = \{F(x); x \in K\}$. 于是, 对 $A, B \in \mathbb{K}$,

$$\begin{aligned}
d(F(A), F(B)) &= \sup_{x \in A} d(F(x), F(B)) \\
&= \sup_{x \in A} \inf_{y \in B} d(F(x), F(y)) \\
&\leqslant c \sup_{x \in A} \inf_{y \in B} d(x, y) \\
&= cd(A, B) \\
&\leqslant cd_H(A, B).
\end{aligned}$$

同理有

$$d(F(B), F(A)) \leqslant cd_H(A, B).$$

所以

$$d_H(F(A), F(B)) \leqslant cd_H(A, B).$$

这样, 如果 F 是一个压缩映射, 我们就有 $F : \mathbb{K} \to \mathbb{K}$ 是一个压缩映射. 根据 Banach 不动点原理, 存在唯一的一个非空紧集 K 使得 $F(K) = K$.

定义 6.3 设 $x \in R^n$, $a \in R^n$, $r > 0$. 定义 $f : R^n \to R^n$, $f(x) = a + r(x-a) = rx + (1-r)a$, 我们称之为以 a 为中心, 伸缩半径为 $r > 0$ 的自相似变换或者仿射压缩映射.

有一类分形图形, 可以用一些特殊的仿射压缩映射迭代产生. 这些图像可以看成一种不动点集合.

下面是 Hutchinson 的构造. 给定相似变换 $S_1, \cdots, S_m$ 并有对应的压缩因子 $r_i \in (0,1)$, 定义 $r = \max\{r_i\}$ 和

$$\widetilde{S}(A) = S_1(A) \cup \cdots \cup S_m(A), \quad A \subset R^n, A \in \mathbb{K}.$$

于是有

$$d_H(\widetilde{S}(A), \widetilde{S}(B)) \leqslant r d_H(A, B).$$

取一个大的闭球 $B \subset R^n$, $\widetilde{S}(B) \subset B$. 令 $X_0 = B$, 直接迭代.

根据 Banach 不动点原理, 存在唯一的一个非空紧集 K 使得 $\widetilde{S}(K) = K$. 这样我们就得到了下面的结论.

Hutchinson 定理 给定相似变换 $S_1, \cdots, S_m$ 并有对应的压缩因子 $r \in (0,1)$, 定义

$$\widetilde{S}(A) = S_1(A) \cup \cdots \cup S_m(A), \quad A \subset R^n, A \in \mathbb{K}.$$

那么, 存在唯一的一个非空紧集 $K \in \mathbb{K}$ 使得 $\widetilde{S}(K) = K$.

我们称这个集合 **K** 是一个自相似的分形, 简称 Hutchinson 分形. 我们在后面计算它的分形维数. 对于一般的相似变换迭代函数系 $\{S_i\}$, 一般的迭代过程是, 我们取一个初始的紧的非空有界集合 A 使得对于每个 S_i 有 $S_i(A) \subset A$. 假设 S_i 的压缩因子是 $c_i \in (0,1)$ 而且假设 Hutchinson 定理中的 K 满足 $0 < H^s(K) < \infty$ 以及 $K = \bigcup S_i(K)$ 是互不相交的集合的并集, 那么,

$$H^s(K) = \sum_i H^s(S_i(K)) = \sum_i c_i^s H^s(K).$$

所以,

$$\sum_i c_i^s = 1.$$

利用最后这个关系确定的 $s > 0$ 通常称为迭代系统的相似维数. 很有

意思的是, 在很多情况下, 这样确定的相似维数就是这个不变集 K 的分形维数, 也是它的盒子维数.

6.3 自相似和相似的分形例子

以上构造方法比较广泛, 我们看一些具体的例子来体会它们的形状.

例子

1. $K = C$, **Cantor** 集是一个自相似的分形, 对应的迭代仿射映射为

$$S_1(x) = \frac{x}{3},$$
$$S_2(x) = \frac{x+2}{3}.$$

任取一个非空紧集 A_0, 定义

$$A_{j+1} = \widetilde{S}(A_j) = S_1(A_j) \cup S_2(A_j), \quad j = 0, 1, 2, \cdots.$$

于是 $C = \lim_{j \to \infty} A_j$. 见图 1.

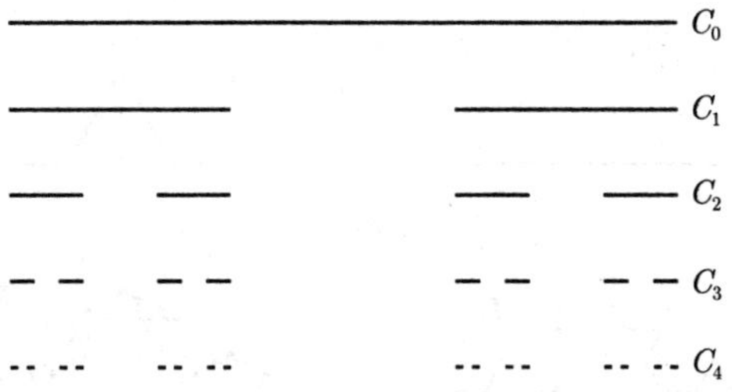

图 1　Cantor 集

2. $S = $ **Sierpiński** 三角形是一个自相似的分形, $x \in R^2$, 对应的迭代仿射映射为

$$S_1(x) = \frac{x}{2},$$

$$S_2(x) = \frac{x}{2} + \left(\frac{1}{2}, \frac{\sqrt{3}}{2}\right),$$

$$S_3(x) = \frac{x}{2} + \left(\frac{1}{2}, 0\right).$$

任取一个非空有内点的紧集为 A_0, 定义

$$A_{j+1} = \widetilde{S}(A_j) = S_1(A_j) \cup S_2(A_j) \cup S_3(A_j), \quad j = 0, 1, 2, \cdots.$$

于是 $S = \lim\limits_{j \to \infty} A_j$. 见图 2.

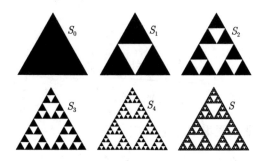

图 2   Sierpiński 三角形

3. $K = $ **von Koch** 曲线是一个相似的分形, $x \in R^2$, $\rho = \exp(i\pi/3)$. 见图 3.

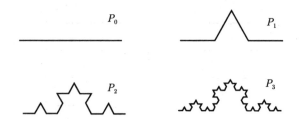

图 3   von Koch 曲线

对应的迭代仿射映射为

$$S_1(x) = \frac{x}{3},$$

$$S_2(x) = \rho\frac{x}{3} + a,$$

$$S_3(x) = \rho^{-1}\frac{x}{3} + b,$$

$$S_4(x) = \frac{x}{3} + c.$$

这里 a, b, c 是等边三角形的顶点, 其中 $a = (1/3, 0), c = (2/3, 0)$ 在水平线上.

任取 R^2 中的一个非空的紧集线段为 A_0, 定义

$$A_{j+1} = \widetilde{S}(A_j) = \bigcup_{m=1}^{4} S_m(A_j), \quad j = 0, 1, 2, \cdots.$$

于是 $K = \lim_{j \to \infty} A_j$.

或者由以下对应的迭代仿射映射迭代生成:

$$S_1(x) = \frac{x}{3},$$

$$S_2(x) = \frac{1}{\sqrt{6}}\frac{x}{3} + \frac{1}{3},$$

$$S_3(x) = \frac{1}{\sqrt{6}}\frac{x}{3} + \frac{1}{\sqrt{6}} + \frac{1}{6},$$

$$S_4(x) = \rho\frac{x}{3} + b.$$

4. **Cantor 尘埃** D 是一个自相似的分形. 这里 $x \in [0, 1]^2$, $a \in (0, 1)$. 对应的迭代仿射映射分别为

$$S_1(x) = ax,$$

$$S_2(x) = ax + (0, 1-a),$$

$$S_3(x) = ax + (1-a, 1-a),$$

$$S_4(x) = ax + (1-a, 0).$$

任取一个非空有内点的紧立方体为 A_0, 定义

$$A_{j+1} = \widetilde{S}(A_j) = \bigcup_{m=1}^{4} S_m(A_j), \quad j = 0, 1, 2, \cdots.$$

于是 $D = \lim_{j \to \infty} A_j$.

6.4　相似变换迭代函数系统

给出有限个压缩的相似变换 $\{f_m\}_1^N$. 任取 R^n 中的一个非空的紧子集为 A_0, 定义

$$A_{j+1} = \widetilde{S}(A_j) = \bigcup_{m=1}^{N} f_m(A_j), \quad j = 0, 1, 2, \cdots.$$

于是有极限紧集 $K = \lim_{j \to \infty} A_j$. 这个集合 K 是一个多尺度自相似的分形.

例子　令 $A_0 = I = [0,3]$, $r = 1/3$. 定义

$$f_1(x) = x/3,$$
$$f_2(x) = \frac{x+2}{3}.$$

定义迭代关系

$$\widetilde{C}_{k+1} = f_1(\widetilde{C}_k) \cup f_2(\widetilde{C}_k), \quad k = 0, 1, 2, \cdots.$$

于是, $C = \lim_{k \to \infty} \widetilde{C}_k$,

$$C = f_1(C) \cup f_2(C).$$

这样就可以把 C 看成一个 "映射" 的不动点. 这个结论的严格证明以后给出.

总之, 我们知道 Cantor 集是一个分形的例子. 它具有高度的自相似性, 可以由迭代函数系统生成; 另外一个重要特征是它的分数维数. 下面主要关心分形的维数, 所以我们要介绍 Hausdorff 维数. 这样我们需要先引入测度论的知识, 再从 Hausdorff 测度开始.

作业题

1. 直接证明: $\lim_{k \to \infty} d_H(C_k, C) = 0$.
2. 列出三分集合 $C(a)$ 的迭代函数系统.

7　简明测度论

　　从远古时代, 人们就需要丈量土地、衡量物体的重量等. 所以求一个区域的面积或者一个物体的长度就是一个基本问题. 用现代数学的观点看, 对这个基本问题的回答, 应该是建立在公理化的思想体系上. 幸运的是, 这个问题一百年前在理论上已经基本解决了. 我们把关于长度、面积的理论叫作测度论.

　　这一节我们试图给出测度论一个比较简明的引论. 测度论是现代数学的基石, 值得学习和深入理解.

7.1　测度的概念

　　记 $X = R^n$ 或者一个距离空间 (X, d). 所谓 X 上的外测度 μ, 就是一个满足下列两个条件的单调次可加的函数:

(1)
$$\mu : 2^X \to [0, \infty], \quad \mu(\varnothing) = 0,$$

(2)
$$\mu(A) \leqslant \sum_j \mu(A_j), \quad A \subset \bigcup_{j=1}^{\infty} A_j.$$

以后我们简称外测度为测度, 这是为了叫法方便, 一般只是在 (C-) 可测集合上的外测度才叫测度.

给出一个集合, 其上有一个最简单的测度, 也就是计数测度 μ_0,
对 $A \subset X$, 定义

$$\mu_0(A) = \sharp(A),$$

即 A 中元素的个数. 对于 $Z \subset X$, 我们可以定义 Z 上的测度 $\mu \lfloor Z$ 为

$$\mu \lfloor Z(A) = \mu(Z \cap A).$$

对于一个映射 $f \colon (X, \mu) \to Y$, 我们可以定义 Y 上的关联测度
$f_\sharp \mu$ 如下:

$$f_\sharp \mu(B) = \mu(f^{-1}(B)), \quad B \subset Y.$$

Carathéodory 给出了 μ-可测集合 (简称可测集合) 的概念如下.

定义 7.1 $A \in 2^X$ 是 μ-可测的, 是指对任何 $E \in 2^X$ 有

$$\mu(E) = \mu(E \cap A^c) + \mu(E \cap A).$$

这里 $A^c = X \backslash A$.

由于我们总有

$$\mu(E) \leqslant \mu(E \cap A^c) + \mu(E \cap A),$$

所以, 上面的**定义**可以换成: $A \in 2^X$ 是 μ-可测的是指对任何 $E \in 2^X$,
$\mu(E) < \infty$, 有

$$\mu(E) \geqslant \mu(E \cap A^c) + \mu(E \cap A).$$

σ-代数的概念定义如下.

定义 7.2   称子集族 Ω 是一个 σ-代数: 如果 $\Omega \subset 2^X$ 满足下面
的三个条件:

(1) $\varnothing, X \in \Omega$;

(2) 对 $A \in \Omega$, 有 $A^c \in \Omega$;

(3) 对 $A_1, A_2, \cdots \in \Omega$, 有 $\bigcup A_j \in \Omega$.

注意

$$\bigcap A_j = ((\bigcup A_j)^c)^c.$$

所以

$$\bigcap A_j \in \Omega.$$

例子 由开集和闭集生成的 σ-代数 $\mathbb{B}_X$ 叫作 Borel 代数; 此 Borel 是 Lebesgue 的老师.

定义 7.3 假设 μ 是 R^n 上的 Borel 测度, 我们称函数 $f: X \to R$ 是 μ-可测函数, 是指对于任何 $B \in \mathbb{B}_R$, $f^{-1}(B) \in \mathbb{B}_X$.

这样, 所有连续函数 $f: X \to R$ 都是可测函数.

定义 7.4 这种所有 Borel 集合 $\mathbb{B}_X$ 都是 μ-可测的测度 μ 通常称为 Borel 测度.

定义 7.5

(1) 一个 Borel 测度 μ 称为 Borel 正则测度是指对于任何子集 $A \subset R^N$, 都可以有一个 Borel 集合 $B : A \subset B$ 使得 $\mu(A) = \mu(B)$.

(2) 一个 Borel 测度 μ 称为局部有限测度, 是指对于任何紧集 $A \subset R^N$, 都有 $\mu(A) < \infty$.

大家知道的 R^n 上的 Lebesgue 测度就是一个 Borel 正则测度, 也是局部有限测度.

定义 7.6 所谓 R^n 上的一个质量分布 μ, 是指 R^n 上有界集合上的测度, 而且 $0 < \mu(R^n) < \infty$. 所谓 R^n 上的 Radon 测度, 是一个 Borel 测度而且在任何紧致集合上的测度有限. 我们说集合 E 是 μ 的支撑集合是指 $\mu(R^n \backslash E) = 0$. 质量分布典型的例子是

$$\mu(x) = f(x)dx, \quad 0 \leqslant f \in L^1(R^n);$$

而且

$$E = \mathrm{supp}(f) := \overline{\{x \in R^n; f(x) \neq 0\}}.$$

更一般地, 我们有

定理 7.7 R^n 上一个有界光滑区域 U 上的 Radon 测度可以描述为具有紧支撑集的连续函数空间 $C_0(U; R^k)$ 上的连续线性泛函. 也就是说, 对于 $L : C_0(U; R^k) \to R$ 满足

$$L(f+g) = L(f) + L(g), \quad L(af) = aL(f), \forall a \in R, \ f, g \in C_0(U; R^k),$$

以及

$$\sup_{\{f\in C_0(U;R^k);|f|_{C_0(U)}\leqslant 1\}} L(f) < \infty,$$

那么, 存在一个 Radon 测度 μ 和 μ-可测函数 $\nu: U \to R^k, |\nu| = 1$ 几乎处处成立, 使得

$$L(f) = \int_U \langle f(x), \nu(x) \rangle d\mu(x).$$

这个定理的证明可以在几何测度论书里找到, 我们这里略去. 这里指出, 把 R^k 换为一般的 Hilbert 空间则对应的结果也成立.

给定一个带有测度 μ 的距离空间 (X, d), 我们有下面的结论.

定理 7.8 可测集合构成的集合 $\mathbb{M}_X$ 是一个 σ-代数.

证明 首先, 空集合和全空间是可测的. 根据对称性, 我们知道若 $A \in \mathbb{M}_X$, 则有 $A^c \in \mathbb{M}_X$.

现在来证明 $\mathbb{M}_X$ 对有限无交并是封闭的.

根据归纳法, 我们只需对两个互不相交的 $A_1, A_2 \in \mathbb{M}_X$ 来证明即可.

$$\mu(E) = \mu(E \cap A_2) + \mu(E \cap A_2^c),$$

利用

$$\mu(E \cap A_2) = \mu(E \cap A_2 \cap A_1) + \mu(E \cap A_2 \cap A_1^c)$$

和

$$\mu(E \cap A_2^c) = \mu(E \cap A_2^c \cap A_1) + \mu(E \cap A_2^c \cap A_1^c),$$

再利用

$$A_2 \cup A_1 = (A_2 \cap A_1) \cup (A_2 \cap A_1^c) \cup (A_2^c \cap A_1)$$

和

$$(A_2 \cup A_1)^c = A_2^c \cap A_1^c,$$

所以

$$\mu(E) = \mu(E \cap A_2 \cap A_1) + \mu(E \cap A_2 \cap A_1^c)$$

$$+\mu(E \cap A_2^c \cap A_1) + \mu(E \cap A_2^c \cap A_1^c)$$

$$\geqslant \mu(E \cap (A_2 \cup A_1)) + \mu(E \cap (A_2 \cup A_1)^c).$$

这样我们有 $A_2 \cup A_1 \in \mathbb{M}_X$ 而且

$$\mu(A_2 \cup A_1) = \mu(A_2 \cap (A_2 \cup A_1)) + \mu(A_2^c \cap (A_2 \cup A_1)),$$

也就是

$$\mu(A_2 \cup A_1) = \mu(A_1) + \mu(A_2).$$

现在来证明 $\mathbb{M}_X$ 对无限无交并是封闭的. 给定 $\{A_j\} \subset \mathbb{M}_X$ 无限无交. 定义

$$F_n = \bigcup_{j=1}^{n} A_j, \quad F = \bigcup_{j=1}^{\infty} A_j.$$

注意 $F^c \subset F_n$.

由前面的结论, $F_n \in \mathbb{M}_X$.

我们有

$$\mu(F_n \cap E) = \mu(A_n \cap (F_n \cap E)) + \mu(A_n^c \cap (F_n \cap E)).$$

注意

$$\mu(A_n \cap (F_n \cap E)) = \mu(A_n \cap E)$$

和

$$\mu(A_n^c \cap (F_n \cap E)) = \mu(F_{n-1} \cap E),$$

所以

$$\mu(F_n \cap E) = \mu(A_n \cap E) + \mu(F_{n-1} \cap E) = \sum_{j=1}^{n} \mu(A_j \cap E).$$

现在我们有

$$\mu(E) = \mu(F_n \cap E) + \mu(F_n^c \cap E) \geqslant \sum_{j=1}^{n} \mu(A_j \cap E) + \mu(F^c \cap E).$$

让 $n \to \infty$, 我们得到

$$\mu(E) \geqslant \sum_{j=1}^{\infty} \mu(A_j \cap E) + \mu(F^c \cap E) \geqslant \mu(F \cap E) + \mu(F^c \cap E).$$

所以

$$\mu(E) = \mu(F \cap E) + \mu(F^c \cap E).$$

这样 $F \in M_X$. 与此同时我们得到

$$\mu(\bigcup_{j=1}^{\infty} A_j) = \sum_{j=1}^{\infty} \mu(A_j).$$

证毕.

下面的结论用起来往往比较方便.

定理 7.9 对于互不相交的可测集合 $\{A_i\}$, 总有

$$\mu(A) = \sum_j \mu(A_j), \quad A = \bigcup_{j=1}^{\infty} A_j.$$

证明 首先, 由定义式知,

$$\mu(A) = \mu(\bigcup_{i=1}^{\infty} A_i) \leqslant \sum_{i=1}^{\infty} \mu(A_i).$$

对 $E = A_1 \cup A_2$,

$$\mu(E) = \mu(E \cap A_1) + \mu(E \cap A_1^c) = \mu(A_1) + \mu(A_2).$$

所以, 对于任意的 $N > 1$,

$$\sum_{i=1}^{N} \mu(A_i) = \mu(\bigcup_{i=1}^{N} A_i) \leqslant \mu(A).$$

于是有

$$\sum_{i=1}^{\infty} \mu(A_i) \leqslant \mu(A).$$

证毕.

根据上面这个结果, 我们可以得到以下命题.

命题 7.10 假设 μ 是 R^n 上的 Borel 测度. 则对于可测集合 $A \subset R^n$, 总有

$$\mu(\cap A_\delta) = \lim_{\delta \to 0} \mu(A_\delta).$$

证明 记 $X = A_1, X_n = A_{1/n}$, 于是,

$$\lim_{n \to \infty} \mu(X_n) = \lim_{\delta \to 0} \mu(A_\delta)$$

和

$$X = \bigcup(X_n \backslash X_{n-1}) \cup \bigcap A_\delta.$$

由 $\mu(X_n \backslash X_{n-1}) = \mu(X_n) - \mu(X_{n-1})$ 以及

$$\mu(X) = \sum \mu(X_n \backslash X_{n-1}) + \mu(A_\delta) = \lim_{n \to \infty} \sum_{i=1}^{n} (\mu(X_i) - \mu(X_{i-1})) + \mu(A_\delta),$$

知道

$$\mu(X) = \mu(X_1) - \lim_{n \to \infty} \mu(X_n) + \mu(A_\delta).$$

所以,

$$\lim_{n \to \infty} \mu(X_n) = \mu(A_\delta).$$

证毕.

另外, 我们还可以得到有意思的推论如下. 先引入记法.

1. 假设 $A_i \subset R^n : A_i \subset A_{i+1}, i = 1, 2, \cdots, A = \bigcup A_i$, 那么我们记 $A_i \nearrow A$.

2. 假设 $A_i \subset R^n : A_{i+1} \subset A_i, i = 1, 2, \cdots, A = \bigcap A_i$, 那么我们记 $A_i \searrow A$.

推论 7.11 假设 $A_i \subset R^n, i = 1, 2, \cdots$, 为可测集. 假如

(1) $A_i \nearrow A$, 那么 $\mu(A) = \lim\limits_{i \to \infty} \mu(A_i)$.

(2) $A_i \searrow A$, 那么 $\mu(A) = \lim\limits_{i \to \infty} \mu(A_i)$.

证明 (1) 记 $B_1 = A_1, B_k = A_k - A_{k-1}, k \geqslant 2$, 那么

$$A = \cup B_i.$$

于是,

$$\mu(A) = \sum \mu(B_i) = \lim_{N \to \infty} \sum_{i=1}^{N} \mu(A_i) = \lim_{N \to \infty} \mu(\bigcup_{i=1}^{N} B_i).$$

注意

$$\mu(\bigcup_{i=1}^{N} B_i) = \mu(A_N).$$

即得 (1).

(2) 不妨设 $\mu(A_1) < \infty$. 定义

$$B_i = A_i - A_{i+1}, \quad i = 1, 2, \cdots,$$

于是,

$$A_1 = A \cup \left(\bigcup_i B_i\right).$$

于是,

$$\mu(A_1) = \mu(A) + \sum \mu(B_i) = \mu(A) + \lim_{N \to \infty} \sum_{i=1}^{N} [\mu(A_i) - \mu(A_{i+1})]$$

$$= \mu(A) + \mu(A_1) - \lim_{N \to \infty} \mu(A_N).$$

这样立即得到

$$\mu(A) = \lim_{i \to \infty} \mu(A_i).$$

证毕.

如何判断距离空间 (X, d) 上的一个测度是 Borel 测度, 一般性的结论是如下 Carathéodory 的定理 (Carathéodory 判别法).

定理 7.12   对距离空间 (X, d), 如果对任意的两个集合 A, B, $d(A, B) > 0$, 有

$$\mu(A \cup B) = \mu(A) + \mu(B),$$

则 Borel 集合 $\mathbb{B}_X$ 是 μ-可测的.

证明   我们只需要证明任何闭集 F 是 μ-可测的即可. 也就是证明, 对于任何 A, $\mu(A) < \infty$, 我们有

$$\mu(A) \geqslant \mu(A \cap F) + \mu(A \cap F^c).$$

对整数 $n > 0$, 定义

$$A_n = \{x \in A \cap F^c; d(x, F) \geqslant 1/n\},$$

$$A_n \subset A_{n+1},$$

$$\mu(A) \geqslant \mu((A \cap F) \cup A_n) = \mu(A \cap F) + \mu(A_n).$$

往证:

$$\lim_{n \to \infty} \mu(A_n) = \mu(A \cap F^c).$$

为此, 定义

$$B_n = A_{n+1} \cap A_n^c.$$

注意对 $x \in B_{n+1}$ 和 $d(x, y) < \dfrac{1}{n(n+1)}$, 有

$$\frac{1}{n+2} \leqslant d(x, F) \leqslant \frac{1}{n+1}$$

和

$$d(y, F) \leqslant d(x, y) + d(x, F) < \frac{1}{n(n+1)} + \frac{1}{n+1} = 1/n.$$

所以 y 不属于 A_n.

于是

$$d(B_{n+1}, A_n) \geqslant \frac{1}{n(n+1)}.$$

所以

$$\mu(A_{2k+1}) \geqslant \mu(B_{2k} \cup A_{2k-1}) = \mu(B_{2k}) + \mu(A_{2k-1}).$$

这样,

$$\mu(A_{2k+1}) \geqslant \sum_{j=1}^{k} \mu(B_{2j}).$$

同理

$$\mu(A_{2k}) \geqslant \sum_{j=1}^{k} \mu(B_{2j-1}).$$

注意 $\mu(A_{2k}) < \mu(A)$ 和 $\mu(A_{2k+1}) < \mu(A)$, 于是, 上面两个级数都是收敛的.

$$\mu(A_n) \leqslant \mu(A \cap F^c) \leqslant \mu(A_n) + \sum_{j=n+1}^{\infty} \mu(B_j),$$

所以

$$\lim_{n\to\infty} \mu(A_n) = \mu(A \cap F^c).$$

由于总有

$$\mu(A) \leqslant \mu(A \cap F) + \mu(A \cap F^c),$$

所以

$$\mu(A) = \mu(A \cap F) + \mu(A \cap F^c).$$

这样 F 是 μ-可测的. 证毕.

7.2 可测函数和可积函数

本节我们讨论 μ-可测函数和对应的可积函数的最基本也是最有用的一些结论.

假设 (X, d) 是一个距离空间, μ 是 X 上的 Borel 测度而且 X 是 σ-有限的; 也就是说 $X = \bigcup_{j=1}^{\infty} X_j$, 每个 X_j 是 μ-可测的而且 $\mu(X_j) < \infty$. 我们记 $\mathbb{M} = \mathbb{M}_X$ 为可测集合构成的代数.

现在我们讨论 (X, d, μ) 上实函数的积分理论. 我们称 $f : X \to R$ 是 μ-可测的 (简称可测) 是指对于任何实数 $a \in R$,

$$f^{-1}[-\infty, a) := \{x \in X; f(x) < a\} \in \mathbb{M}.$$

注意, $\{f \leqslant a\} = \bigcap_{k=1}^{\infty}\{f(x) < a + \frac{1}{k}\}$, 所以, 集合 $\{f \leqslant a\}$ 是可测集合. 根据

$$\{a \leqslant f < b\} = \{f < b\} \cap \{f < a\}^c,$$
$$\{a < f \leqslant b\} = \{f \leqslant b\} \cap \{f \leqslant a\}^c$$

和

$$\{a \leqslant f \leqslant b\} = \{f \leqslant b\} \cap \{f < a\}^c,$$

所以, 集合 $\{a \leqslant f < b\}$, $\{a < f \leqslant b\}$ 和 $\{a \leqslant f \leqslant b\}$ 都是可测集合.

对于两个可测函数 f 和 g, 那么

$$f + g, \quad f - g, \quad f^2, \quad fg$$

都是可测函数. 事实上,

$$\{f + g > a\} = \bigcup_{r \in \mathcal{Q}} \{f > a - r\} \cap \{g > r\},$$

$$\{f^2 > a\} = \{f > a^{1/2}\} \cup \{f < -a^{1/2}\}, \ \forall a \geqslant 0.$$

注意, 对于可测函数序列 $\{f_k\}$, $\{\sup_k f_k > a\} = \bigcup_k \{f_k > a\}$,

$$\overline{\lim}_k f_k(x) = \inf_n \{\sup_{k \geqslant n} f_k\}, \quad \underline{\lim}_k f_k(x) = \sup_n \{\inf_{k \geqslant n} f_k\},$$

所以极限 $f = \lim f_k$ 是可测函数.

定义

$$f \bigwedge g(x) = \inf\{f(x), g(x)\}.$$

直接验证知道

$$f \bigwedge g(x) = \frac{f(x) + g(x) - |f(x) - g(x)|}{2},$$

所以这个函数是可测的.

$f = g$ 是指 $\{x; f(x) \neq g(x)\}$ 是一个零测度集合, 即 $\mu(\{x; f(x) \neq g(x)\}) = 0$.

给定一个可测函数序列 $\{f_k(x)\}$ 和一个可测函数 $f(x)$, 我们说 $f_k(x) \to f(x)$ 在可测集合 $Z \subset X$ 上几乎处处收敛, 是指存在一个零测度集合 E 使得对于 $x \in Z \setminus E$, $f_k(x) \to f(x)$. 我们给出非常有用的 Egoroff 定理如下:

Egoroff 定理 假设给定一个可测函数序列 $\{f_k(x)\}$ 和一个可测函数 $f(x)$, 而且 $f_k(x) \to f(x)$ 在可测集合 $Z \subset X$ 上几乎处处收敛. 假设 $\mu(Z) < \infty$, 那么对于任何小的正数 $\epsilon > 0$, 存在一个可测集合 $E \subset Z$: $\mu(Z \setminus E) < \epsilon$, 使得在 E 上 $f_k(x) \to f(x)$ 一致收敛.

下面我们讨论可测函数的积分问题.

定义 7.13 (1) 称 $f(x)$ 是简单函数是指

$$f(x) = \sum_j a_j \chi_{E_j},$$

其中 χ_{E_j} 是集合 E_j 的示性函数, 而且 $\{E_j\} \subset \mathbb{M}$ 互不相交.

(2) 进一步地, 如果

$$\sum_j |a_j| \mu(E_j) < \infty,$$

我们就称 $f(x)$ 是可积的, 记

$$\int_X f := \int_X f(x) d\mu(x) = \sum_j a_j \mu(E_j),$$

称为 f 的积分. 记

$$\int_X |f(x)| d\mu(x) = \sum_j |a_j| \mu(E_j).$$

我们把这样的可积的简单函数空间记为 $\mathcal{S}_X$.

注意, 在可积的简单函数积分的定义里, 我们没有要求 a_j 是互不相同的. 所以, 一个简单函数可以有多个表示, 但它们的积分都是同一个值. 这是根据测度的可数可加性质得到的, 而且我们可以把对应同一个 a_j 的可测集合合并在一起得到一个唯一的表示.

为了建立可测函数的积分理论, 我们先来做一个准备.

断言 如果 f 是非负可测函数, 那么存在 $\{h_k(x)\}$ 是非负可测简单函数列而且

$$h_k(x) \leqslant h_{k+1}(x), \quad \lim_k h_k(x) = f(x).$$

根据假设, 我们可以写出

$$X = \bigcup_{k=1}^{\infty} X_k, \quad X_k \subset X_{k+1} \subset \mathbb{M},$$

定义

$$H_k(x) = f(x) \bigwedge k, \; x \in X_k; \quad H_k(x) = 0, \; x \in X_k^c.$$

于是,

$$H_k(x) \to f(x), \quad \text{a.e..}$$

记

$$A(i,j) = \{x \in X_k; \; \frac{i}{j} < H_k(x) \leqslant \frac{i+1}{j}\}, \; 0 \leqslant i < kj.$$

定义

$$H_{k,j}(x) = \sum_i \frac{i}{j} \chi_{A(i,j)}.$$

这样的函数都是非负可测简单函数, 而且

$$|H_k(x) - H_{k,j}(x)| \leqslant 1/j, \; \forall x \in X.$$

定义

$$h_k(x) = H_{k,k}(x).$$

于是有

$$0 \leqslant H_k(x) - h_k(x) \leqslant 1/k \to 0, \; \forall x \in X.$$

下面, 如同实变函数论, 我们来定义可测函数的积分.

积分定义 1   如果 f 是非负可测函数, 定义

$$\int f = \sup_{h \leqslant f; h \in \mathcal{S}_X} \int h.$$

若

$$\int f < \infty,$$

则称 f 是可积的, 而 $\int f$ 称为 f 的积分. 对于一般的可测函数, 我们
写出

$$f = f_+ - f_-, \quad f_+ = f \vee 0 = \sup\{f, 0\}, \quad f_- = (-f) \vee 0.$$

若

$$\int f_+ < \infty, \quad \int f_- < \infty,$$

则称 f 是可积的, 而 $\int f = \int f_+ - \int f_-$ 称为 f 的积分.

积分定义 2   设 $\{h_k(x)\}$ 是非负可测简单函数列而且

$$h_k(x) \leqslant h_{k+1}(x), \quad \lim_k h_k(x) = f(x).$$

若每个 $h_k(x)$ 是可积的而且对 $f \geqslant 0$ 存在极限

$$\int_X f := \lim_k \int_X h_k,$$

则称 f 是可积的, 记

$$\int_X f := \int_X f(x)d\mu(x) = \lim_k \int_X h_k,$$

称之为 f 的积分. 注意, 可以证明这个积分的定义与序列 $\{h_k(x)\}$ 的取法没有关系. 实际上, 对于 $\{\hat{h}_k(x)\}$ 是另一个非负可测简单函数列, 如果每个 $\hat{h}_k(x)$ 是可积的而且对 $f \geqslant 0$ 存在极限

$$\int_X \hat{f} := \lim_k \int_X \hat{h}_k,$$

那么对于很大的 m , 定义新的单调增简单函数序列

$$g_k(x) = \min(h_k(x), \hat{h}_m(x)) \leqslant h_k(x), \quad g_k(x) \nearrow \hat{h}_m(x).$$

我们先证明一种**初等有界控制收敛性**命题如下: 对于如上的单调增简单函数序列 $\{g_k\}$, 我们有

$$\lim_k \int_X g_k = \int_X \hat{h}_m(x).$$

为此目的, 我们定义

$$\breve{g}_k(x) = \hat{h}_m(x) - g_k(x),$$

所以

$$\breve{g}_k(x) \geqslant 0, \quad \breve{g}_k(x) \searrow 0.$$

记

$$M = \sup\{\breve{g}_1(x); x \in X\}.$$

任取 $\epsilon > 0$, 于是

$$0 \leqslant \breve{g}_k(x) \leqslant M\chi_{\{\breve{g}_k(x)>\epsilon\}} + \epsilon\chi_{\{0<\breve{g}_k(x)\leqslant\epsilon\}}.$$

所以,

$$\int_X \breve{g}_k(x) \leqslant M\mu\{\breve{g}_k(x) > \epsilon\} + \epsilon\mu\{0 < \breve{g}_k(x) \leqslant \epsilon\}.$$

注意,

$$\lim_k \mu\{\breve{g}_k(x) > \epsilon\} = 0$$

和

$$\mu\{0 < \breve{g}_k(x) \leqslant \epsilon\} \leqslant \mu\{0 < \breve{g}_1(x)\}.$$

所以,

$$0 \leqslant \lim_k \int_X \breve{g}_k(x) \leqslant \epsilon\mu\{0 < \breve{g}_1(x)\}.$$

这样, 由于 $\epsilon > 0$ 任意小, 我们有

$$\lim_k \int_X \breve{g}_k(x) = 0,$$

即

$$\lim_k \int_X g_k = \int_X \hat{h}_m(x) \leqslant \lim_k \int_X h_k.$$

令 $m \to \infty$, 我们有

$$\int_X \hat{f} \leqslant \lim_k \int_X h_k = \int_X f.$$

同理可得

$$\int_X f \leqslant \int_X \hat{f}.$$

所以, $\int_X f = \int_X \hat{f}.$

对于任何一个可测函数 $f(x)$, 我们有

$$f_+(x) = \frac{f(x) + |f(x)|}{2}, \quad f_-(x) = \frac{|f(x)| - f(x)}{2},$$

于是,

$$f(x) = f_+(x) - f_-(x), \quad |f(x)| = f_+(x) + f_-(x),$$

如果 $f_+(x)$ 和 $f_-(x)$ 同时可积, 我们称 f 是可积的, 记

$$\int_X f := \int_X f_+(x)d\mu(x) - \int_X f_-(x)d\mu(x),$$

称之为 f 的积分.

积分等价定义命题　以上两种积分定义是等价的.

事实上, 我们只需对非负可测函数的积分来证明即可. 把第一种积分写成 $\int^1 f$, 把第二种积分写成 $\int^2 f$. 根据定义式, 我们知道 $\int^1 f \geqslant \int^2 f$. 任取一个非负可测简单函数 $h \leqslant f$, $\{h_k(x)\}$ 是非负可测简单函数列而且

$$h_k(x) \leqslant h_{k+1}(x), \quad \lim_k h_k(x) = f(x).$$

定义

$$\check{h}_k(x) = h_k(x) \vee h(x),$$

于是有

$$\check{h}_k(x) \leqslant \check{h}_{k+1}(x), \quad \lim_k \check{h}_k(x) = f(x), \quad \int h \leqslant \int^2 \check{h}_k(x).$$

所以,

$$\int h \leqslant \int^2 f, \quad \int^1 f \leqslant \int^2 f.$$

这样我们有 $\int^1 f = \int^2 f$.

我们把这种可积函数构成的空间记为 $L^1(X, d\mu)$, 并定义其上的范数为

$$|f|_{L^1} = \int_X |f(x)| d\mu(x).$$

对于 $p > 1$, 定义

$$L^p(X, d\mu) = \{f : X \to R; |f|^p \in L^1(X, d\mu)\}$$

和

$$|f|_{L^p} = (\int_X |f(x)|^p d\mu(x))^{1/p}.$$

实变函数里面的著名结果如下.

定理 7.14　以下结论在 (X, μ) 上都成立.

Fatou 引理 对于非负可测函数序列 $\{f_k\}$, 如果几乎处处有 $\lim_k f_k(x) = f(x)$. 那么,

$$\int f \leqslant \underline{\lim}_k \int f_k.$$

单调收敛定理 对于非负单调增可测函数序列 $\{f_k\}$, 如果有 $f_k(x) \nearrow f(x)$, 那么,

$$\int f = \lim_k \int f_k.$$

Lebesgue 控制收敛定理 对于可测函数序列 $\{f_k\}$, 如果几乎处处有 $\lim_k f_k(x) = f(x)$ 而且对一个可积函数 $C(x) \geqslant 0$ 有

$$|f_k(x)| \leqslant C(x),\ x \in X,$$

那么,

$$\lim_k \int |f_k - f| = 0, \quad \lim_k \int f_k = \int f.$$

证明 我们只证 Fatou 引理, 其他的留作练习题. 不妨设 $\underline{\lim}_k \int f_k < \infty$.

任取一个可积的简单函数 $h \leqslant f$, 定义

$$h_k(x) = \min\{h(x), f_k(x)\}.$$

于是几乎处处有 $h_k(x) \to h(x)$. 利用前面的有界控制收敛性, 我们有

$$\lim_k \int h_k = \int h.$$

由于

$$h_k \leqslant f_k,$$

所以

$$\int h = \lim_k \int h_k \leqslant \underline{\lim}_k \int f_k.$$

根据积分的定义有

$$\int f \leqslant \underline{\lim}_k \int f_k.$$

证毕.

控制收敛定理的一个非常有用的推论如下.

推论   给定开区间 $I \subset R$ 和可测集合 $A \subset X$, 假设 $f : A \times I \to R$ 满足:

(1) 对 $t \in I$, $f(\cdot, t) \in L^1(A)$;

(2) 对几乎所有 $x \in A$, $f(x, \cdot) \in C^1(I)$;

(3) 存在非负可积函数 $H : A \to R_+$ 使得对所有 $t \in I$ 和几乎所有 $x \in A$, 有

$$\left| \frac{\partial}{\partial t} f(x, t) \right| \leqslant H(x).$$

定义

$$g(t) = \int_A f(x, t) d\mu(x),$$

那么, $g \in C^1(I)$, 对每个 $t \in I$,

$$\frac{\partial}{\partial t} g(t) = \frac{\partial}{\partial t} f(x, t) d\mu(x).$$

练习题

查阅文献, 给出这个推论和上面的命题里未证明的部分的详细证明.

我们也可以写出对应的 Fubini 定理的具体形式如下.

Fubini 定理   假设 $X = X_\xi \times X_\eta$, $x = (\xi, \eta)$ 而且 $d\mu = d\mu_\xi d\mu_\eta$, 假设 $f : X \to R$, $f \in L^1(X)$, 那么, 对几乎所有 $\xi \in X_\xi$, $f(\xi, \cdot) \in L^1(X_\eta)$; 对几乎所有 $\eta \in X_\eta$, $f(\cdot, \eta) \in L^1(X_\xi)$; 而且

$$\int_X f(x) d\mu = \int_{X_\xi} d\mu_\xi \int_{X_\eta} f(\xi, \eta) d\mu_\eta$$

$$= \int_{X_\eta} d\mu_\eta \int_{X_\xi} f(\xi, \eta) d\mu_\xi.$$

作业题

1. 对于任何一个可测函数 $f(x)$, 存在简单函数列 $\{h_k(x)\}$, 对每个 $x \in X$,

$$|h_k(x)| \leqslant |h_{k+1}(x)|, \quad \lim_k h_k(x) = f(x).$$

2. 证明: 可积函数构成的空间记为 $L^1(X, d\mu)$, 是 Banach 空间.

3. 假设 $(f_k(x)) \subset L^1(X, d\mu)$ 而且在 $L^1(X, d\mu)$ 中收敛:

$$|f_k - f|_{L^1} \to 0,$$

那么

$$\left| \frac{f_k}{1 + |f_k|} - \frac{f}{1 + |f|} \right|_{L^1} \to 0.$$

4. 证明: 对 $p \geqslant 1$, $L^p(X, d\mu)$ 是 Banach 空间.

现在我们利用这个机会介绍一个著名的问题.

给定 R^n 上的两个 Borel 正则测度 μ, ν 和一个有界区域 Ω. 假设 $\mu(\Omega) = \nu(\Omega)$, 我们说一个映射 $T : (\Omega, \mu) \to (\Omega, \nu)$ 是保测度的, 是指对于任何 Borel 集合

$$B \in \mathbb{B}_\Omega, \quad T^{-1}(B) \in \mathbb{B}_\Omega$$

而且

$$\mu(T^{-1}(B)) = \nu(B).$$

我们把这个关系简记为 $T_\sharp \mu = \nu$ 并将这样的映射集合记为 $\mathbb{T}$. 著名的 Monge 问题是, 给定一个消费函数 $c : \Omega^2 \to R_+$, 找最优的保测度映射 T 使得

$$d = \inf_{T \in \mathbb{T}} \int_\Omega c(x, T(x)) d\mu(x)$$

达到极小. 这个问题常叫作最优传输问题. 近些年来, C. Vallani, Fagalli 等因为在这方面的工作获得了 Fields 奖.

如果这个极小可以达到, 记此映射为 T. 假设它是 C^1 的而且

$$d\mu = d(x)dx, \quad d\mu = m(x)dx,$$

那么我们有

$$m(T(x)) \det(\nabla T(x)) = d(x), \ x \in \Omega.$$

假设 $u : \Omega \to R$, $T(x) = \nabla u(x)$, 那么上述关系就是 Monge-

Ampère 方程:

$$\det(D^2 u(x)) = \frac{d(x)}{m(\nabla u(x))}, \quad x \in \Omega.$$

著名数学家 L. Caffarelli 发展了 Monge-Ampère 方程的理论, 由此获得了 Wolf 奖. 一个著名的问题是, 给定欧氏空间上的一个光滑函数 $f: R^n \to R$, 是否一定可以找到另一个光滑函数 $u: R^n \to R$ 满足 Monge-Ampère 方程:

$$\det(D^2 u(x)) = f(x), \quad x \in R^n.$$

如果 $0 < c_1 \leqslant f(x) \leqslant c_2 < \infty$, 那么这个问题有很多凸函数解. 但是, 如果函数 $f(x)$ 变号, 那么问题就很困难了. 这个问题叫作预定 Jacobi 行列式问题. 有兴趣的读者可以参看 Fields 奖获得者 Figalli 写的书 [9].

与这个问题密切关联的是 Wasserstein 距离函数

$$W_2^2(\mu, \nu) = \inf_{T \in \mathbb{T}} \int_\Omega |x - T(x)|^2 d\mu(x).$$

容易看出, 取 $c(x, y) = |x - y|^2$ 对应的正好就是上面的距离. 当然, 人们可以类似地定义, 对于 $p > 1$,

$$W_p(\mu, \nu) = \inf_{T \in \mathbb{T}} [\int_\Omega |x - T(x)|^p d\mu(x)]^{1/p},$$

即所谓的 Ω 的测度空间上的 W_p 距离.

7.3   Lebesgue 测度

作为例子, 我们要考察 Lebesgue 测度 (以后谈 Hausdorff 测度). 我们先来看 Lebesgue 测度的定义.

对于开长方体,

$$I = (a_1, b_1) \times \cdots \times (a_n, b_n) \subset R^n.$$

如同高等数学中一样, 我们定义其体积为

$$|I| = \prod_i (b_i - a_i).$$

对非线性映射 $F : I \to R^n$, $I = \sum_m \Delta_m$, 我们有

$$|F(I)| \simeq \sum_m |J_F|(\xi_m)|\Delta_m| = \sum_m |J_F|(\xi_m)dx \simeq \int_I |J_F|dx.$$

对于一个给定开集 $U \subset R^n$, 定义:

$$|U| = \inf_j |I_j|,$$

这里

$$U \subset \bigcup I_j.$$

我们记

$$L^n(U) = |U|.$$

对于任意集合 A, 我们定义它的外测度 Lebesgue 测度 $m = L^n$ 如下:

$$L^n(A) = \inf_{\{A \subset U\}} L^n(U).$$

记 $B_1^n(0) = \{x \in R^n;\ |x| \leqslant 1\}$ 和 $\omega(n) = |B_1^n(0)|$. 这里

$$\omega_\alpha = \omega(\alpha) = \frac{\pi^{\alpha/2}}{\Gamma(\frac{\alpha}{2} + 1)},\ \ \alpha \geqslant 0,$$

其中 $\Gamma(r) = \displaystyle\int_0^\infty t^{r-1}e^{-t}dt$ 是 Gamma 函数.

定义 7.15 我们称一个集合 A 是 Lebesgue 可测的, 是指对于任何 $\epsilon > 0$, 存在一个开集 $U \supset A$ 满足

$$m(U \backslash A) < \epsilon.$$

对于可测集合 A, 我们记它的 Lebesgue 测度为 $L^n(A)$. 按照这个定义我们知道开集闭集都是 Lebesgue 可测的; 这样我们可以证明 Borel 集合 $A \in \mathbb{B}$ 都是 Lebesgue 可测的.

我们总结如下.

定理 7.16 Borel 集合 $A \in \mathbb{B}_X$ 是 Lebesgue 可测的.

作业题

查阅文献或参考之前定理的证明, 给出这个定理的证明.

在实变函数论中, 我们知道对于乘积区域 $A = A_1 \times [a,b]$, A 的 Lebesgue 测度是

$$L^n(A) = L^{n-1}(A_1) \times (b-a),$$

这个是 Fubini 定理的特例.

另一个常用的公式是对于可积的函数 $f : R^n \to R$, 有极坐标计算公式:

$$\int_{R^n} f(x)dx = \int_0^\infty r^{n-1}dr \int_{S^{n-1}} f(r\theta)d\sigma(\theta),$$

这里, $r = |x - x_0|$, $\theta = \dfrac{x - x_0}{r} \in S^{n-1}$.

对于区域 $\Omega = F(D) \Subset R^n$, $F : R^n \to R^n \in C^1$, 我们有

$$L^n(\Omega) = \int_\Omega dy = \int_D |\det(dF)|dx.$$

这里, $|\det(dF)|$ 是 F 的 Jacobi 行列式. 比如, 对可逆矩阵 $A \in M_{n \times n}$, $\Omega = A(D)$,

$$L^n(A(D)) = |A|L^n(D) := |A||D|.$$

特别地, 对椭球体

$$\mathbb{E} = \{x \in R^n; |Ax|^2 \leqslant 1\},$$

令 $G(x) = y = Ax$, $x = A^{-1}y$, 所以, $\mathbb{E} = A^{-1}(B(0,1))$. 于是,

$$L^n(\mathbb{E}) = |A^{-1}|L^n(B(0,1)).$$

例子   现在我们考察 Cantor 集的 Lebesgue 测度是零测度的性质.

回忆 $C_0 = [0,1]$, 我们把它等分成三段, 去掉其中中间的开区间来得到闭集合 C_1.

C_1 由 2^1 个长度为 $(\dfrac{1}{3})^1$ 的闭区间构成, 所以 $|C_1| = \dfrac{2}{3}$; 我们把它的每个小区间再等分成三段, 去掉其中中间的开区间来得到闭集合 C_2.

C_2 由 2^2 个长度为 $(\dfrac{1}{3})^2$ 的闭区间构成, 所以 $|C_2| = \dfrac{2^2}{3^2}$; 等等. 如此这样做下去我们可以得到闭集合 C_n.

C_n 由 2^n 个长度为 $(\frac{1}{3})^n$ 的闭区间构成; 所以对于 $n \to \infty$,

$$|C_n| = (\frac{2}{3})^n \to 0.$$

所以, Cantor 集 $C = \bigcap C_n$ 的 Lebesgue 测度 $|C| = \lim |C_n| = 0$.

后面我们可以证明 C 的 $\log 2 / \log 3$-Hausdorff 测度等于一个正数.

回忆: 对距离空间中的任何集合 $C \subset (X, d)$, 定义 C 的直径为

$$\mathrm{diam}(C) := \sup\{d(x, y); x, y \in C\}.$$

练习题

1. 对于 Hausdorff 可测集合 $A \subset R^n$, 给出集合

$$A \times [0, 1] \subset R^{n+1}$$

对应的 Hausdorff 测度.

2. 对于两个可测集合 $A \subset R^n$, $B \subset R^m$, 给出集合

$$A \times B \subset R^{n+m}$$

对应的测度公式.

3. 查阅文献, 给出 R^n 上一个给定的有界 Borel 集合 F 的构造过程.

提示: 先定义一套 Borel 集合族 $\{\mathcal{E}_k\}$, 其中, $\mathcal{E}_0 = \{F\}$, 对于 $k \geqslant 1$, 假设 $\mathcal{E}_{k-1} = \{E_j(k-1)\}_{j=1}^m$ 已给定, 对于每个 $E = E_j(k-1)$, 选取 E 中有限个互不相交的 Borel 子集, $\mathrm{diam}(E) \to 0$, 把这些 Borel 集合拿来构成 Borel 集合族 $\mathcal{E}_k = \{E_j(k)\}$.

规定 $\mu(F) \in (0, \infty)$ 为一个已知的数, 而且对每个 k, 按关系

$$\mu(F) = \sum_j \mu(E_j(k)), \quad \mu(A) = 0, \ \forall A \cap \left(\bigcup_j E_j(k)\right) = \varnothing,$$

来指定 $\mu(E_j(k)) > 0$ 的值. 定义 $\mathbb{E}_k = \bigcup_j E_j(k)$ 和 $\mathbb{E} = \bigcap \overline{\mathbb{E}_k}$. 这样我们就可以如同 Lebesgue 测度那样给出一个支撑在 $\mathbb{E}$ 上的质量分布.

8 Brunn-Minkowski 不等式和等周不等式

这一节我们介绍和 Lebesgue 测度有关联的一些初等的不等式, 这些不等式是很有意思的, 它们也有广泛的应用.

比如, 对 $\alpha \geqslant 1$, 我们有不等式

$$(x+y)^{\alpha} \geqslant x^{\alpha} + y^{\alpha}, \quad x \geqslant 0, \ y \geqslant 0,$$

这是因为

$$\left(\frac{x}{x+y}\right)^{\alpha} + \left(\frac{y}{x+y}\right)^{\alpha} \leqslant \frac{x}{x+y} + \frac{y}{x+y} = 1.$$

8.1 Brunn-Minkowski 不等式

对于 R^n 上的 Lebesgue 测度, 对于两个集合 $A \subset R^n$, $B \subset R^n$ 定义

$$A + B = \{x \in R^n; x = a + b, \quad a \in A, \quad b \in B\}.$$

例子 $A = (0, a_1) \times \cdots \times (0, a_n)$, $B = (0, b_1) \times \cdots \times (0, b_n)$, 有

$$A + B = (0, a_1 + b_1) \times \cdots \times (0, a_n + b_n).$$

我们回忆, 算术–几何不等式

$$(\prod_i x_i)^{1/n} \leqslant \frac{1}{n}(\sum_i x_i),$$

它的证明是对数函数 $g(x) := \log x$ (这里 $x > 0$) 凹性的一个应用. 注意:

$$g'(x) = \frac{1}{x}, \quad [g'(x)]' = -\frac{1}{x^2} < 0;$$

所以有

$$g(\frac{1}{n}(\sum_i x_i)) \geqslant \frac{1}{n}(\sum_i g(x_i)).$$

我们有 Brunn-Minkowski 不等式如下.

定理 8.1   对于两个可测集合 A 和 B, 假设 $A+B$ 也可测, 则

$$m(A+B)^{1/n} \geqslant m(A)^{1/n} + m(B)^{1/n}. \tag{3}$$

证明   假设

$$A = (0, a_1) \times \cdots \times (0, a_n), \quad B = (0, b_1) \times \cdots \times (0, b_n),$$

则

$$A+B = (0, a_1+b_1) \times \cdots \times (0, a_n+b_n).$$

此时 (3) 为

$$(\prod_i (a_i+b_i))^{1/n} \geqslant (\prod_i (a_i))^{1/n} + (\prod_i (b_i))^{1/n},$$

这个式子可以写为

$$(\prod_i (\frac{a_i}{a_i+b_i}))^{1/n} + (\prod_i (\frac{b_i}{a_i+b_i}))^{1/n} \leqslant 1. \tag{4}$$

根据算术–几何不等式

$$(\prod_i x_i)^{1/n} \leqslant \frac{1}{n}(\sum_i x_i),$$

我们有

$$\left(\prod_i \frac{a_i}{a_i+b_i}\right)^{1/n} \leqslant \frac{1}{n}(\sum \frac{a_i}{a_i+b_i})$$

和

$$\left(\prod_i \frac{b_i}{a_i + b_i}\right)^{1/n} \leqslant \frac{1}{n}\left(\sum \frac{b_i}{a_i + b_i}\right).$$

根据两者右端之和等于 1, 就可以得到 (4).

这个是归纳法证法的第一步, 然后我们考虑: 如果 "A 和 B 是 k 个立方体的和" 成立, 证明 "A 和 B 是 $k+1$ 个立方体的和" 也成立.

我们考虑由有限个多面体构成的集合 A, B, 由于平移不变性, 我们先拿出两个 A 中的互不相交的矩形 R_1, R_2. 然后我们把 A 分开放成两部分

$$R_2 \subset A_- = A \cap x_n \leqslant 0, \quad R_1 \subset A_+ = A \cap x_n \geqslant 0,$$

使得各个部分的长方体个数至少比 A 少一个. 然后我们平移和分割 B 使得

$$\frac{L^n(B_\pm)}{L^n(B)} = \frac{L^n(A_\pm)}{L^n(A)}.$$

注意,

$$A + B \supset (A_+ + B_+) \cup (A_- + B_-).$$

特别注意, 右端的两个集合内部互不相交.

$$
\begin{aligned}
L^n(A+B) &\geqslant L^n(A_+ + B_+) + L^n(A_- + B_-) \\
&\geqslant (L^n(A_+)^{1/n} + L^n(B_+)^{1/n})^n \\
&\quad + (L^n(A_-)^{1/n} + L^n(B_-)^{1/n})^n \\
&= L^n(A_+)(1 + (L^n(B)/L^n(A))^{1/n})^n \\
&\quad + L^n(A_-)(1 + (L^n(B)/L^n(A))^{1/n})^n \\
&= (L^n(A)^{1/n} + L^n(B)^{1/n})^n.
\end{aligned}
$$

这样就对有限长方体的情况证明了结论.

如果 A, B 是测度有限的开集, 那么我们可以找到它们内部的多面体

$$A_\epsilon \subset A, \quad B_\epsilon \subset B,$$

$$L^n(A_\epsilon) < L^n(A) \leqslant L^n(A_\epsilon) + \epsilon,$$

$$L^n(B_\epsilon) < L^n(B) \leqslant L^n(B_\epsilon) + \epsilon.$$

根据多面体的结论取极限, 我们可以得到

$$L^n(A + B) \geqslant (L^n(A)^{1/n} + L^n(B)^{1/n})^n.$$

如果 A, B 是测度有限的有界闭集, 那么我们可以找到它们外部的开集邻域

$$A + B \subset A_\delta + B_\delta \leqslant (A + B)_{2\delta}.$$

取极限得到

$$L^n(A + B) \geqslant (L^n(A)^{1/n} + L^n(B)^{1/n})^n.$$

如果 A, B 是可测集合, 那么我们可以找到它们内部的有界闭集来逼近得到所要的结论.

证毕.

可以看出上面的证明用到一些巧妙的平移、分割和覆盖技巧, 这些都是我们在以后研究中经常使用的技术. 而对于一般的可测集合通过取极限的方法来证明, 更是现代数学论证的特性.

8.2 等周不等式

Brunn-Minkowski 不等式有一个很有意思的推论. 假定 $A \subset R^n$ 是一个有界分片光滑区域, 记 $B_r = \{x \in R^n; |x| < 1\}$, 于是对 $r > 0$ 很小, 由于

$$m(A + B_r) = m(A) + L^{n-1}(\partial A)r + O(r^2),$$

我们有

$$m(A + B_r)^{1/n} = [m(A) + L^{n-1}(\partial A)r + O(r^2)]^{1/n}$$
$$= m(A)^{1/n} + \frac{L^{n-1}(\partial A)}{nm(A)^{1-1/n}}r + O(r^2).$$

回忆

$$m(B_r) = \omega(n)r^n.$$

根据(3),

$$m(A + B_r)^{1/n} \geqslant m(A)^{1/n} + m(B_r)^{1/n}$$
$$= m(A)^{1/n} + \omega(n)^{1/n}r.$$

于是有

$$\frac{L^{n-1}(\partial A)}{nm(A)^{1-1/n}}r + O(r^2) \geqslant \omega(n)^{1/n}r.$$

两边同除 r 并令 $r \to 0$, 我们可得

$$\frac{L^{n-1}(\partial A)}{nm(A)^{1-1/n}} \geqslant \omega(n)^{1/n},$$

这个就是著名的等周不等式. 我们把它总结成一个定理.

定理 8.2 假定 $A \subset R^n$ 是一个有界分片光滑区域, 那么,

$$L^{n-1}(\partial A) \geqslant \omega(n)^{1/n}nm(A)^{1-1/n}.$$

实际上, 我们可以把区域 A 的边界分片光滑性质改成边界是 $n-1$ 可求长度集合 (其定义见最后几节) 即可.

或许我们把上面的论证改写一下, 会更有助于大家理解. 记

$$A + B_r = A \cup (\partial A)_r.$$

根据 Fubini 定理, 我们有

$$\lim_{r \to 0} \frac{m((\partial A)_r)}{r} = L^{n-1}(\partial A).$$

根据

$$(a + b)^n \geqslant a^n + na^{n-1}b, \quad a > 0, \ b > 0,$$

以及 Brunn-Minkowski 不等式有

$$m(A) + m((\partial A)_r) = m(A + B_r)$$
$$\geqslant (m(A)^{1/n} + m(B_r)^{1/n})^n$$
$$\geqslant m(A) + nm(A)^{1-1/n}m(B_r)^{1/n}.$$

于是,

$$m((\partial A)_r) \geqslant nm(A)^{1-1/n}m(B_r)^{1/n} = nm(A)^{1-1/n}\omega(n)^{1/n}r,$$

两边除 r 并令 $r \to 0$, 即得

$$\frac{L^{n-1}(\partial A)}{nm(A)^{1-1/n}} \geqslant \omega(n)^{1/n}.$$

9 Hausdorff 测度

本节主要引入 Hausdorff 测度, 这对研究分形是非常重要的. 只有在引入这个测度的基础上, 我们才可以谈有关的集合的维数的概念. $\alpha \geqslant 0$.

Lebesgue 测度和 Hausdorff 测度都是一些特别有用的测度.

Hausdorff 测度的定义

给定 $\delta > 0$, 定义 $H_\delta^\alpha(\varnothing) = 0$ 以及

$$H_\delta^\alpha(A) = \omega_\alpha \inf\left\{\sum_j \left(\frac{\mathrm{diam}(C_j)}{2}\right)^\alpha; \ A \subset \bigcup C_j, \ \mathrm{diam}(C_j) < \delta\right\}.$$

注意, 这里的下确界是在 A 的开覆盖盖族

$$\mathbb{F}(\delta) = \left\{\{C_j\}; \ A \subset \bigcup_j C_j, \ \mathrm{diam}(C_j) < \delta\right\}$$

上取的, 回忆 $\mathrm{diam}(C_j) := \sup\{|x - y|; x, y \in C_j\}$.

注意, $H_\delta^\alpha(A)$ 是 δ 的单调减函数. 在上面的定义里, 我们可以取 C_j 为闭集.

作为**思考题**, 请验证: H_δ^α 是一个测度, 而且如果一个集合 $A \subset R^n$: $L^n(A) = 0$, 那么有 $H_\delta^n(A) = 0$.

另外, 我们也可以要求 C_j 全部为开集.

现在定义 Hausdorff 测度 H^α 如下:

$$H^\alpha(A) = \lim_{\delta \to 0} H^\alpha_\delta(A) = \sup_{\delta > 0} H^\alpha_\delta(A).$$

由定义, H^α_δ 和 H^α 是测度. 以后我们可以证明一个困难的结论: 对整数 n, $L^n = H^n$.

现在我们做一个重要的注记, 这个注记对求分形的 Hausdorff 维数是有用的. 在以上的构造中, 我们可以要求 C_j 是球 B_j, 这样我们可以得到球形 Hausdorff 测度.

定义 $S^\alpha_\delta(\varnothing) = 0$ 以及

$$S^\alpha_\delta(A) = \omega_\alpha \inf\left\{\sum_j \left(\frac{\operatorname{diam}(B_j)}{2}\right)^\alpha;\ A \subset \bigcup B_j,\ \operatorname{diam}(B_j) < \delta\right\},$$

这里的下确界是在 A 的球形开覆盖族

$$\mathbb{B}(\delta) = \left\{\{B_j\};\ A \subset \bigcup_j B_j,\ \operatorname{diam}(B_j) < \delta\right\}$$

上取的. 定义球形 Hausdorff 测度 HB^α 如下:

$$S^\alpha(A) = \lim_{\delta \to 0} H^\alpha_\delta(A) = \sup_{\delta > 0} H^\alpha_\delta(A).$$

由于 $\mathbb{B}(\delta) \subset \mathbb{F}(\delta)$, 所以

$$H^\alpha(A) \leqslant S^\alpha(A).$$

对于任何 A 的开覆盖 $\{C_i\}$, $\operatorname{diam}(C_i) = r_i < \delta$, 我们可以取 $\mathbb{B}(2\delta)$ 中的一个开球覆盖 $\{B_i\}$ 使得 $C_i \subset C_i$. 于是

$$\sum_j \left(\frac{\operatorname{diam}(C_i)}{2}\right)^\alpha \geqslant 2^{-\alpha} \sum_j \left(\frac{\operatorname{diam}(B_i)}{2}\right)^\alpha.$$

这样我们有

$$H^\alpha_\delta(A) \geqslant 2^{-\alpha} S^\alpha_{2\delta}(A).$$

所以

$$H^\alpha(A) \geqslant 2^{-\alpha} S^\alpha(A).$$

总结之, 我们有

命题 9.1 球形 Hausdorff 测度和 Hausdorff 测度是等价的.

Hausdorff 测度 $\mu := H^\alpha$ 具有如下一些基本性质.

1. **单调性**. 对 $A_1 \subset A_2$,

$$\mu(A_1) \leqslant \mu(A_2),$$

这个由定义立即可以看出.

2. **次可加性**.

$$\mu(\bigcup A_j) \leqslant \sum_j \mu(A_j).$$

这个性质的证明如下. 给定很小的 $\epsilon > 0$ 和 $\delta > 0$. 取 A_j 的覆盖 $\{F_{jk}\}$ 使得 $\mathrm{diam}(F_{jk}) < \delta$,

$$\sum_k (\mathrm{diam}(F_{jk}))^\alpha \leqslant H_\delta^\alpha(A_j) + \frac{\epsilon}{2^j}.$$

根据

$$\bigcup A_j \subset \bigcup \{F_{jk}\}_{j,k},$$

于是

$$H_\delta^\alpha(\bigcup A_j) \leqslant \sum_j \left(H_\delta^\alpha(A_j) + \frac{\epsilon}{2^j} \right),$$

后者小于

$$\sum_j H^\alpha(A_j) + \epsilon.$$

这样就可以得到所要的性质.

3. **C-性质**. 对 $A_1, A_2, d(A_1, A_2) > 0$,

$$\mu(A_1 \cup A_2) = \mu(A_1) + \mu(A_2),$$

只需要证明

$$\mu(A_1 \cup A_2) \geqslant \mu(A_1) + \mu(A_2).$$

给出 $A_1 \cup A_2$ 的覆盖 $\{F_j\}$, $\mathrm{diam}(F_j) \leqslant \delta$, $\delta < d(A_1, A_2)$.

定义

$$F_j^1 = A_1 \cap F_j, \quad F_j^2 = A_2 \cap F_j,$$

这样, (F_j^1) 是 A_1 的覆盖, 而 (F_j^2) 是 A_2 的覆盖.

注意, 根据 δ 的取法, 对 $F_j^1 \neq \varnothing$, 必然有 $F_j^2 = \varnothing$.

所以

$$\sum_j \operatorname{diam}(F_j^1)^\alpha + \sum_j \operatorname{diam}(F_j^2)^\alpha \leqslant \sum_j \operatorname{diam}(F_j)^\alpha.$$

两边取下确界即得.

这个性质说明测度 H^α 是 Borel 测度, 这样我们证明下面的结论.

定理 9.2 Borel 集合是 H^α 可测的.

实际上, 我们可以证明得更多. **定理**: Hausdorff 测度 H^α 是 Borel 正则测度的.

证明 为证明 $\mu = H^\alpha$ 是 Borel 正则测度, 我们任取一个集合 A 使得 $H^\alpha(A) < \infty$, 我们希望找到 Borel 集合 $B \supset A$, 满足 $H^\alpha(A) = H^\alpha(B)$.

注意到 $\operatorname{diam}(\overline{C}) = \operatorname{diam}(C)$, 对 $\delta > 0$, $H_\delta^\alpha(A) < \infty$, 我们有

$$H_\delta^\alpha(A) = \inf\left\{\sum_{j=1}^\infty \omega(\alpha)\left(\frac{\operatorname{diam}(C_j)}{2}\right)^\alpha;\ A \subset \bigcup_{j=1}^\infty C_j,\right.$$

$$\left.\operatorname{diam}(C_j) \leqslant \delta,\ C_j = \overline{C}_j\right\}.$$

我们取 $\delta = 1/k$, $k = 1,2,\cdots$, A 的覆盖闭集族 $\{C_j(k)\}$:

$$\operatorname{diam}(C_j(k)) < \delta, \quad A \subset \bigcup_{j=1}^\infty C_j(k)$$

以及

$$\sum_{j=1}^\infty \omega(\alpha)\left(\frac{\operatorname{diam}(C_j(k))}{2}\right)^\alpha \leqslant H_\delta^\alpha(A) + \frac{1}{k}.$$

定义

$$A_k = \bigcup_{j=1}^\infty C_j(k)$$

和 Borel 集合

$$B = \bigcap_{k=1}^{\infty} A_k,$$

注意, $A \subset A_k, \quad k = 1, 2, \cdots$, 所以

$$A \subset B.$$

对 $\delta = 1/k$, 我们有

$$H_\delta^\alpha(B) \leqslant \sum_{j=1}^{\infty} \omega(\alpha) \left(\frac{\mathrm{diam}(C_j(k))}{2} \right)^\alpha \leqslant H_\delta^\alpha(A) + \frac{1}{k}.$$

令 $k \to \infty$, 我们有

$$H^\alpha(B) \leqslant H^\alpha(A).$$

证毕.

4. **可数可加性**.

$\{A_j\}$ 为一组互不相交的 Borel 集合,

$$\mu(\bigcup A_j) = \sum_j \mu(A_j)$$

这个性质的证明如同之前的一个结果. 我们这里略去, 留作思考题.

5. **平移不变性和正交不变性** ($\rho \in O(n)$, 收缩因子 $r > 0$).

$$\mu(A + h) = \mu(A),$$

这里 $h \in R^n$, $A + h = \{x + h; x \in A\}$.

$$\mu(\rho A) = \mu(A),$$

$$\mu(r A) = r^\alpha \mu(A),$$

这里 $rA = \{rx; \; x \in A\}$.

这个性质的证明可以直接从定义得到. 下面证明

$$\mu(r A) = r^\alpha \mu(A).$$

一方面, 任取一个覆盖 $A \subset \bigcup B_j, \quad \mathrm{diam}(B_j) < \delta$, 于是

$$rA \subset \bigcup r B_j, \quad \mathrm{diam}(r B_j) < r\delta.$$

所以,

$$H_{r\delta}^{\alpha}(rA) \leqslant \sum_{j} \left(\frac{\mathrm{diam}(rB_j)}{2} \right)^{\alpha} = r^{\alpha} \sum_{j} \left(\frac{\mathrm{diam}(B_j)}{2} \right)^{\alpha}.$$

于是

$$H_{r\delta}^{\alpha}(rA) \leqslant r^{\alpha} H_{\delta}^{\alpha}(A).$$

所以,

$$\mu(rA) \leqslant r^{\alpha} \mu(A).$$

另一方面, 任取一个覆盖 $rA \subset \bigcup C_j$, $\mathrm{diam}(C_j) < \delta$, 于是

$$A \subset \bigcup r^{-1} C_j, \quad \mathrm{diam}(r^{-1}C_j) < r^{-1}\delta.$$

所以,

$$r^{\alpha} H_{r^{-1}\delta}^{\alpha}(A) \leqslant r^{\alpha} \sum_{j} \left(\frac{\mathrm{diam}(r^{-1}C_j)}{2} \right)^{\alpha} = \sum_{j} \left(\frac{\mathrm{diam}(C_j)}{2} \right)^{\alpha}.$$

于是

$$r^{\alpha} H_{r^{-1}\delta}^{\alpha}(A) \leqslant H_{\delta}^{\alpha}(rA).$$

所以,

$$r^{\alpha} \mu(A) \leqslant \mu(rA).$$

综合两个不等式就得所要结论.

6. H^0 是点的计数而 H^1 就是一维的 Lebesgue 测度. 这个性质也是容易看出的. 我们把它的证明留作习题.

作业题

查阅文献, 给出这个结论 6 的证明.

10 $H^n = L^n$: n 维 Hausdorff 测度就是 n 维 Lebesgue 测度

本节的主题是介绍 Steiner 对称化技巧并用这个技巧来证明一个基本结果, 即 n 维 Hausdorff 测度就是 n 维 Lebesgue 测度.

10.1 $H^n = L^n$

我们要证明的基本定理如下.

定理 10.1 $H^n = L^n$: n 维 Hausdorff 测度就是 n 维 Lebesgue 测度.

这个结论不只是基本的, 也是非常实用的. 另外, 这个定理的证明本身很有意思, 我们利用给出证明的这个机会, 来谈一个对称化过程. 这个定理的证明还要用到一个覆盖引理, 这个引理本身也是很有用处的. 现在我们介绍这个很有意思的覆盖引理.

Lebesgue 覆盖引理 对于有界开集 $U \subset R^n$ 和已给正数 $\delta > 0$, 存在可数多个互不相交的闭球 $D_1, D_2, \cdots \subset U$, $\mathrm{diam}(D_i) < \delta$,

$$L^n(U \backslash \bigcup D_i) = 0.$$

证明 我们用归纳定义来完成证明.

第一步: 我们先把 U 写成一些闭立方体的并集, $U = \bigcup C_i$, C_i 的内部互不相交. 记 $a(C_i)$ 为立方体 C_i 的边长; 然后我们取 C_i 内部半径大于 $1/4a(C_i)$ 的闭球 $D_i(1) \subset C_i$. 于是, $L^n(D_i) > \lambda L^n(C_i)$, 这里 $\lambda = \omega(n)/4^n$. 因此有,

$$L(U \backslash \bigcup D_i(1)) < (1 - \lambda)L^n(U).$$

我们取一个很大的 $N_1 > 1$ 使得

$$L(U \backslash \bigcup_{i=1}^{N_1} D_i(1)) \leqslant (1 - \lambda)L^n(U).$$

第二步: 定义 $U_1 = U \backslash \bigcup_{i=1}^{N_1} D_i(1)$. 对 U_1 重复第一步, 我们得到 $\{D_i(2)\}$,

$$L(U_1 \backslash \bigcup_{i=1}^{N_2} D_i(2)) \leqslant (1 - \lambda)L^n(U_1) \leqslant (1 - \lambda)^2 L^n(U).$$

重复这个过程, 我们就可以得到 $\{D_i(k)\}$,

$$L(U_k \backslash \bigcup_{i=1}^{N_k} D_i(k)) \leqslant (1 - \lambda)L^n(U_k) \leqslant (1 - \lambda)^k L^n(U) \to 0.$$

这里

$$U_k = U \backslash \bigcup_{i=1}^{N_1} D_i(k).$$

最后把这些闭球 $D_i(k)$ 合并起来就可以得到所要的结论.
证毕.

10.2　等直径不等式

我们先证明下面的等直径不等式.

等直径不等式定理 假设 $A \subset R^n : A = \overline{A}$, $\text{diam}(A) < \infty$, 那么

$$L^n(A) \leqslant \omega(n) \left(\frac{\text{diam}(A)}{2} \right)^n.$$

证明 任取一个方向 $e \in S^{n-1}$, 我们定义沿着这个方向的投影映射:

$$P_e : R^n = R_e^{n-1} \oplus \text{span}\{e\} \to R_e^{n-1}.$$

引入投影集合和垂线

$$U = P_e(A), \qquad L_x = x + \text{span}\{e\}, \ x \in R^n.$$

记

$$2L(x) = L^1(A \cap L_x), \ x \in U$$

和

$$S_e(A) = \{x = (x', x_n) \in R^n = R_e^{n-1} \oplus \text{span}\{e\};$$
$$x \in U', \ |x_n| \leqslant L(x)\}.$$

根据 Fubini 定理知

$$2 \int_U L(x')dx' = \text{Vol}(A) = L^n(A).$$

由于投影映射是 1-Lipschitz 的, 所以

$$\text{diam}(S_e(A)) \leqslant \text{diam}(A).$$

直接计算知道

$$\text{diam}(S_e(A)) \leqslant \sup_{x,z \in U} \sqrt{(x-z)^2 + (L(x)+L(z))^2}$$
$$\leqslant \sup_{x,z \in U} \text{diam}((L_x \cap A) \cup (L_z \cap A)).$$

记

$$\inf(L_x \cap A) := a, \quad \sup(L_x \cap A) := b,$$

以及

$$\inf(L_z \cap A) := a', \quad \sup(L_z \cap A) := b',$$

可以假设,

$$b - a' \geqslant b' - a,$$

由定义知,

$$b' - a' \geqslant 2L(z), \quad b - a \geqslant 2L(x),$$

于是,

$$2(b - a') \geqslant b + b' - a' - a \geqslant 2(L(z) + L(x)).$$

$$b - a' \geqslant L(z) + L(x).$$

这样,

$$\mathrm{diam}((L_x \cap A) \cup (L_z \cap A)) \geqslant \sqrt{|x - z|^2 + |b - a'|^2}$$
$$\geqslant \sqrt{|x - z|^2 + |L(x) + L(z)|^2}.$$

我们可以取 R^n 的一个正交基 $\{e_1, \cdots, e_n\}$, $e_i \in S^{n-1}$, 沿着每个方向依次投影得到

$$B = S_{e_n} \circ \cdots \circ S_{e_1}(A).$$

于是,

$$\mathrm{diam}(B) \leqslant \mathrm{diam}(A), \quad L^n(B) = L^n(A).$$

由于 B 是一个对称集合, 特别地有: 如果 $x \in B$, 那么 $-x \in B$. 所以,

$$2|x| \leqslant \mathrm{diam}(B).$$

这意味着,

$$B \subset B(0, \mathrm{diam}(B)/2).$$

所以,

$$L^n(B) = L^n(A) \leqslant \omega(n)(\mathrm{diam}(B)/2)^n \leqslant \omega(n)(\mathrm{diam}(A)/2)^n.$$

证毕.

以上这个投影给出对称集合的过程叫 Steiner 对称化. 现在我们来证明上面的定理 10.1.

证明　先往证 $H^n(A) \leqslant L^n(A)$, 这里 $A = \overline{A} : \mathrm{diam}(A) < \infty$.
我们只需要证明

$$H^n_\delta(A) \leqslant L^n(A), \ \delta > 0.$$

我们取一个长方体覆盖 $\{I_j\}$: $A \subset \bigcup I_j$. 定义 $U = \bigcup I_j$, 我们可以假设 U 是一个有界开集, 比如就取 U 的内部即可. 根据 Lebesgue 覆盖引理, 我们有一些闭球 D_i: $\mathrm{diam}(D_i) = 2r_i < \delta$,

$$L^n(U \backslash \bigcup D_i) = 0, \quad \text{i.e.,} \quad L^n(U) = \sum L^n(D_i).$$

于是

$$H^n_\delta(A) \leqslant H^n_\delta(U) \leqslant \sum_i \omega(n) r_i^n = \sum L^n(D_i) = L^n(U).$$

所以,

$$H^n_\delta(A) \leqslant L^n(A), \quad \delta > 0.$$

反过来, 我们要证

$$H^n_\delta(A) \geqslant L^n(A), \quad \delta > 0.$$

我们取闭集覆盖 $A \subset C_j$, $\mathrm{diam}(C_j) < \delta$. 这样就有

$$L^n(A) \leqslant L^n(\bigcup C_j) \leqslant \sum L^n(C_j).$$

注意

$$L^n(C_j) \leqslant \omega(n) \left(\frac{\mathrm{diam}(C_j)}{2} \right)^n.$$

所以,

$$L^n(A) \leqslant \sum \omega(n) \left(\frac{\mathrm{diam}(C_j)}{2} \right)^n.$$

对右边取下确界即得

$$L^n(A) \leqslant H^n_\delta(A).$$

证毕.

练习题

对于球形的 n 维 Hausdorff 测度是否也有等直径不等式? 如果有, 请给出证明.

11 分形的维数

本节的重要内容是 Hausdorff 维数, 我们会谈到一些分形的 Hausdorff 维数. 这个内容是分形理论的核心内容之一.

11.1 Hausdorff 维数

定义 11.1 一个集合 $A \subset R^n$ 的 Hausdorff 维数为

$$\alpha = \dim_H(A) = \inf\{\beta; \ H^\beta(A) = 0\} = \sup\{\beta; \ H^\beta(A) = \infty\}.$$

这样, 对 $\alpha < \beta$, $H^\beta(A) = 0$, 而且对 $\alpha > \beta$, $H^\beta(A) = \infty$.
现在我们来说明这个定义是合适的.

命题 11.2 假如 F 是一个 Borel 集合, 对 $0 < s < t$, 我们有:
(1) 如果 $H^s(F) < \infty$, 那么 $H^t(F) = 0$.
(2) 如果 $H^t(F) > 0$, 那么 $H^s(F) = \infty$.

证明 任取一个 δ 覆盖 $\{C_i\}$, 我们有

$$\sum_i \operatorname{diam}(C_i)^t = \sum_i \operatorname{diam}(C_i)^{t-s} \operatorname{diam}(C_i)^s \leqslant \delta^{t-s} \sum_i \operatorname{diam}(C_i)^s.$$

这样我们有

$$H_\delta^t(F) \leqslant \delta^{t-s} H_\delta^s(F).$$

对情况 (1), 直接令 $\delta \to 0$, 得到 $H^t(F) = 0$.

对情况 (2), 写

$$\delta^{s-t} H_\delta^t(F) \leqslant H_\delta^s(F).$$

令 $\delta \to 0$, 得到

$$\delta^{s-t} H_\delta^t(F) \to \infty.$$

所以 $H^s(F) = \infty$.

这样, 我们就有一个常数 $s_0 \in [0, \infty]$, 使得

$$H^s(F) = \infty, \quad s < s_0,$$

$$H^s(F) = 0, \quad s > s_0.$$

我们记 $\dim_H(F) = s_0$, 称之为 F 的 Hausdorff 维数. 事实上, 可以定义

$$s_0 = \dim_H(F) = \inf\{s; \ H^s(F) = 0\}.$$

如果存在 $s < s_0$ 使得 $H^s(F) < \infty$, 由以上命题知, 对于任何 $s < t$,

$$H^t(F) = 0.$$

这个与 s_0 的定义矛盾. 所以

$$H^s(F) = \infty.$$

所以

$$s_0 = \sup\{s; H^s(F) = \infty\}.$$

例子   注意对 Cantor 集, $C = \bigcap C_k$. 对 $\delta > 0$, 取 K 很大, $3^{-K} < \delta$. 于是

$$H_\delta^\alpha(C_K) \leqslant 2^K (3^{-K})^\alpha.$$

取 $\alpha = \log 2 / \log 3$, 所以 $3^\alpha = 2$, 于是

$$2^K (3^{-K})^\alpha = 1.$$

因此,

$$H_\delta^\alpha(C) \leqslant H_\delta^\alpha(C_K) \leqslant 1.$$

所以

$$H^\alpha(C) \leqslant 1.$$

后面我们要证明

$$H^\alpha(C) > 0.$$

这样, Cantor 集的 Hausdorff 维数就是 $\alpha = \log 2 / \log 3$.

现在我们来看一个有意思的结论.

定理 11.3 给定 R^n 上的一个质量分布, 对于集合 $A \subset R^n$, $0 < \mu(A) < \infty$, 假设存在常数 $K > 0, \delta > 0, \alpha > 0$, 使得对任何 $x \in A, r < \delta$, 有

$$\mu(B_r(x)) \leqslant Kr^\alpha.$$

那么对于任何 $E \subset A, \mu(E) > 0, \dim_H(E) \geqslant \alpha$.

证明 我们可以利用球形 Hausdorff 测度. 取 E 的球型覆盖 $\{U_j\}, \operatorname{diam}(U_i) \leqslant \delta' < \delta$, 我们有

$$\sum \operatorname{diam}(U_i)^\alpha \geqslant K^{-1} \sum \mu(U_i) \geqslant K^{-1} \mu\big(\bigcup_i U_i\big) \geqslant K^{-1} \mu(E).$$

所以 $\dim_H(E) \geqslant \alpha$.

11.2   Hölder-γ 映射

给定 $\gamma \in (0, 1]$, 我们引入如下的概念来衡量函数定量的一致连续性.

定义 11.4 称

$$f : E \subset R^n \to R^n$$

是 Hölder-γ 映射, 如果存在 $M > 0$, 使得

$$|f(x) - f(y)| \leqslant M|x - y|^\gamma, \quad x, y \in E.$$

当 $\gamma = 1$ 时, 常称之为 Lipschitz 映射.

一个典型的例子是 $f(x) = d(x, A)$, 这里 $A \subset (X, d)$ 是距离空间 (X, d) 中一个给定的集合. 回忆

$$d(x, A) = \inf\{d(x, z); z \in A\}.$$

根据三角不等式

$$d(x, z) - d(y, z) \leqslant d(x, y)$$

知道

$$d(x, A) - d(y, A) \leqslant d(x, y).$$

对调 x, y 的位置, 就可以得到

$$|f(x) - f(y)| \leqslant d(x, y).$$

也就是说 f 是 *Lipschitz* 映射. 这个例子的简单推论是集合 A 的闭包 $\overline{A}$ 是 $\overline{A} = \{x \in X; \ d(x, A) = 0\}$.

对于 $E \subset \bigcup\{F_j\}$, 我们有

$$f(E) \subset \bigcup\{f(E \cap F_j)\},$$

所以

$$\sum (\operatorname{diam} f(E \cap F_j))^{\alpha/\gamma} \leqslant M^{\alpha/\gamma} \sum (\operatorname{diam}(F_j))^{\alpha},$$

所以

$$H^{\beta}(f(E)) \leqslant M^{\beta} H^{\alpha}(E), \quad \beta = \alpha/\gamma,$$

因此

$$\dim f(E) \leqslant \frac{1}{\gamma} \dim(E).$$

命题 11.5   令 $\gamma = \log 2 / \log 3$, Cantor-Lebesgue 函数是 Hölder-γ 映射.

证明   根据构造, F_n 的每个长度为 3^{-n} 的区间上增加量最多是 2^{-n}. 这样 F_n 的斜率小于等于 $2^{-n}/3^{-n} = (3/2)^n$. 于是

$$|F_n(x) - F_n(y)| \leqslant (3/2)^n |x - y|.$$

注意

$$|F(x) - F_n(x)| \leqslant 1/2^n.$$

根据

$$|F(x) - F(y)| \leqslant |F_n(x) - F_n(y)| + |F(x) - F_n(x)| + |F(y) - F_n(y)|$$

知道

$$|F(x) - F(y)| \leqslant (3/2)^n|x - y| + 2/2^n.$$

假设 $x \neq y$, 我们取 $1 \leqslant 3^n|x - y| \leqslant 3$.

于是有

$$(3/2)^n|x - y| \leqslant 3/2^n$$

和

$$3^{-n} \leqslant |x - y|.$$

所以

$$|F(x) - F(y)| \leqslant 5/2^n = 5(3^{-n})^\gamma \leqslant 5|x - y|^\gamma.$$

证毕.

根据这个结论和 $F(C) = [0,1]$, 对 $\alpha = \gamma = \log 2/\log 3$, 我们有

$$1 = H^1([0,1]) \leqslant 5^\beta H^\alpha(C).$$

这样我们知道 Cantor 集 C 的 Hausdorff 维数是 $\alpha = \log 2/\log 3$.

11.3　Cantor 集 C 的 Hausdorff 测度

关于 Cantor 集 C, 我们可以算出它的 α-Hausdorff 测度.

定理 11.6　Cantor 集 C 的 Hausdorff 维数是 $\alpha = \log 2/\log 3$ 而且 $H^\alpha(C) = 1$.

证明　根据以前的结论, 我们只剩下证明 $H^\alpha(C) = 1$. 任取一个 C 的覆盖 $\{U_j\}$, 我们可以假设这些 U_j 都是闭区间. 根据 Lebesgue 引理, 我们可以找到 Lebesgue 数 $\delta > 0$, 取 $K > 0$ 很大使得 $3^{-K} < \delta$, 于是 $C_K = \{I_i\} \subset \bigcup U_j$. 这样

$$\sum_j |U_j|^\alpha \geqslant \sum_i |I_i|^\alpha \geqslant 1.$$

所以, 对上式左边取下确界, 我们有

$$H^\alpha(C) \geqslant 1.$$

但前面我们已经有

$$H^\alpha(C) \leqslant 1.$$

立即有

$$H^\alpha(C) = 1.$$

证毕.

命题 11.7 对 $F \subset R^n$, $\dim_H(F) < 1$, 那么 F 是完全不连通的.

证明 对于任何两个点 $x, y \in F$, 我们定义

$$f(z) = |z - x|, \ z \in F.$$

这个是 Lipschitz 函数. 所以, $\dim_H(f(F)) < 1$. 这样, $\mathbb{H}^1(f(F)) = 0$, 于是 $f(F)^c \subset R$ 是稠密的; 我们取 $s \in f(F)^c \cap (0, f(y))$. 所以,

$$F = \{z \in F; \ f(z) < r\} \cup \{z \in F; \ f(z) > r\}.$$

这样 $x, y \in F$ 不在同一个连通分支里. 证毕.

作业题

给定一个 L^n 可测集合 $A \subset R^n$ 和一个 Lipschitz 映射 $f : R^n \to R^k$, $k \geqslant n$.

1. 如果 $f(x) = Lx$, 证明 $H^n(L(A)) = \sqrt{|L^*L|}L^n(A)$.

2. 证明 $f(A)$ 是 H^n 可测的.

3. 证明对 $y \in R^k$, $H^0(f^{-1}(y) \cap A)$ 是 H^n 可测的.

12　盒子维数、拓扑维数和 Sier-piński 三角形

本节我们先介绍有着广泛应用的盒子维数和拓扑维数, 然后详细讨论 Sierpiński 三角形的分形维数.

12.1　盒子维数

对 $r > 0$, $m \in \mathcal{Z}$, 记 $I_m(r) = [(m-1r), mr)$, 记 R^n 中的正方体

$$D_{m_1 \cdots m_n}(r) = I_{m_1}(r) \times \cdots \times I_{m_n}(r), \quad m_i \in \mathcal{Z}.$$

我们简称这样的立方体为 r 盒子. 注意, r 盒子的直径是 $\sqrt{n} r$.

记

$$\mathcal{C}_r = \{D_{m_1 \cdots m_n}(r), \ (m_1 \cdots m_n) \in \mathcal{Z}^n\}.$$

给定一个有界集合 $F \subset R^n$ 和它的一个有限覆盖 $\mathcal{E} \subset \mathcal{C}_r$. 记

$$N_r(F) = \sharp\{D \in \mathcal{E}; \ D \cap F \neq \varnothing\}.$$

定义 12.1　对 $s \geqslant 0$,

$$K_r^s(F) = N_r(F) r^s, \quad \underline{K}^s(F) = \varliminf_{r \to 0} K_r^s(F).$$

$$s_0 := \underline{\dim}_B(F) = \varliminf_{r \to 0} \frac{\log N_r(F)}{\log(1/r)},$$

这个数称之为下盒维数.

有人可能会问, 为什么要这样来定义呢? 我们来看 Cantor 集 C 的第 k 代 C_k. 我们知道

$$\sharp(C_k) = 2^k, \quad r = (1/3)^k, \quad |C_k| = 2^k (1/3)^k \to 0.$$

对 $\alpha = \log 2 / \log 3$, 我们有

$$1 = 2^k (1/3)^{k\alpha}.$$

所以

$$\alpha = \log 2^k / - \log(1/3)^k = \log \sharp(C_k) / \log(1/r).$$

如同 Hausdorff 维数一样, 我们知道 $s_0 = \underline{\dim}_B(F)$ 是一个临界值使得

$$\underline{K}^s(F) = \infty, \ s < s_0,$$

$$\underline{K}^s(F) = 0, \ s > s_0.$$

同样, 我们有

定义 12.2   对 $s \geqslant 0$,

$$\overline{K}^s(F) = \overline{\lim}_{r \to 0} K_r^s(F)$$

且

$$\overline{\dim}_B(F) = \overline{\lim}_{r \to 0} \frac{\log N_r(F)}{\log(1/r)},$$

这个数称为上盒维数.

由定义知道 $\underline{\dim}_B(F) \leqslant \overline{\dim}_B(F)$. 在以上的定义里, 我们可以把 $N_r(F)$ 取为最大直径为 r 覆盖的最少个数 $M_r(F)$; 事实上, 一个最大直径为 r 的集合可以被 3^n 个边长为 r 的立方体来覆盖. 所以, $N_r(F) \leqslant 3^n M_r(F)$. 另一方面, 边长为 r 的立方体的直径是 $\sqrt{n} r$, 所以 $M_{\sqrt{n} r} \leqslant N_r(F)$. 于是我们有

$$\frac{\log M_{\sqrt{n} r}(F)}{\log(1/r)} \leqslant \frac{\log N_r(F)}{\log(1/r)} \leqslant \frac{\log 3^n M_r(F)}{\log(1/r)}.$$

由此知道

$$\underline{\dim}_B(F) = \underline{\lim}_{r\to 0} \frac{\log N_r(F)}{\log(1/r)} = \underline{\lim}_{r\to 0} \frac{\log M_r(F)}{\log(1/r)}$$

和

$$\overline{\dim}_B(F) = \overline{\lim}_{r\to 0} \frac{\log N_r(F)}{\log(1/r)} = \overline{\lim}_{r\to 0} \frac{\log M_r(F)}{\log(1/r)}.$$

由定义知道:

1. 对一个集合 F 的 Lipschitz 像 $f(F)$ 总有

$$\underline{\dim}_B(f(F)) \leqslant \underline{\dim}_B(F)$$

和

$$\overline{\dim}_B(f(F)) \leqslant \overline{\dim}_B(F).$$

2.

$$\dim_H(F) \leqslant \underline{\dim}_B(F) \leqslant \overline{\dim}_B(F) \leqslant c_2 \dim_H(F).$$

在很多情况中, 上盒维数和下盒维数是不一样的.

定义 12.3 对于集合 $F \subset R^n$, 如果

$$\underline{\dim}_B(F) = \overline{\dim}_B(F) := s_0,$$

我们就称 $s_0 = \dim_B(F)$ 为集合 F 的盒子维数.

例子 我们来看 Cantor 集的盒子维数. 由于

$$N_r(C) = 2^k, \quad r = 3^{-k}, \quad \frac{N_r(C)}{\log 1/r} = \log 2/\log 3,$$

所以

$$\dim_B(C) = \log 2/\log 3 = \dim_H(C).$$

练习题

在以上的 (上或下) 盒子维数定义里, 证明我们可以把 $N_r(F)$ 换成如下的五个数的任一个:

1. 覆盖 F 的半径为 r 的最少的闭球个数;
2. 覆盖 F 的边长为 r 的最少的立方体个数;
3. 覆盖 F 的直径最大为 r 的最少的集合个数;
4. 球心在 F 上的半径为 r 的互不相交的最多的闭球个数;

5. 与 F 相交的 r 网立方体个数.

为了以后论证方便, 我们下面介绍著名的

Vitali 覆盖引理   对于 R^n 中闭球族 **B**, 我们假设

$$R = \sup\{\operatorname{diam}(B); B \in \mathbf{B}\} < \infty,$$

那么, 存在一个子族 $\mathbf{B}' \subset \mathbf{B}$ 使得

$$\bigcup_{B \subset \mathbf{B}} B \subset \bigcup_{B' \subset \mathbf{B}'} \hat{B}',$$

而且对任何 $B \subset \mathbf{B}$ 存在

$$B' \subset \mathbf{B}', \quad B' \cap B \neq \varnothing, \quad B \subset \hat{B}',$$

其中 $\hat{B}'$ 是把 B' 放大 5 倍的球.

这个结论的证明我们在第 13 章给出. 由于小球覆盖在论证中比较好用, 我们常用小球覆盖. 我们把半径为 r 的球集合记为 $\mathcal{B}_r$. 与盒子维数等价的定义是下面的定义. 这个定义也称之为 Minkowski 维数. 回忆,

$$F_r = \{x \in R^n; d(x, F) < r\}.$$

定义 12.4

$$\underline{\dim}_{MB}(F) = n - \overline{\lim}_{r \to 0} \frac{\log L^n(F_r)}{\log r},$$

这个数称为下 Minkowski 维数.

$$\overline{\dim}_{MB}(F) = n - \underline{\lim}_{r \to 0} \frac{\log L^n(F_r)}{\log r},$$

这个数称为上 Minkowski 维数.

命题 12.5   给定一个有界集合 $F \subset R^n$, 我们有

$$\underline{\dim}_B(F) = \underline{\dim}_{MB}(F),$$

$$\overline{\dim}_B(F) = \overline{\dim}_{MB}(F).$$

证明   我们只证明第一个等式, 第二个等式的证明是一样的 (只需用上极限即可). 给定一个有界集合 $F \subset R^n$ 和它的一个有限覆盖

$\mathcal{E} \subset \mathcal{B}_r$. 根据 F_r 的定义, 我们知道可以有 $M_r(F)$ 个半径为 $2r$ 的同心球来覆盖 F_r. 所以

$$L^n(F_r) \leqslant c_n M_r(F)(2r)^n.$$

两边取对数得

$$\frac{\log L^n(F_r)}{\log(1/r)} \leqslant \frac{\log(c_n 2^n) + \log M_r(F) + n\log r}{\log(1/r)}.$$

也就是

$$n - \frac{\log L^n(F_r)}{\log r} \leqslant \frac{\log(c_n 2^n) + \log M_r(F)}{\log(1/r)}.$$

再取下极限就得

$$\underline{\dim}_{MB}(F) \leqslant \underline{\dim}_B(F).$$

根据 Vitali 覆盖引理, 我们可以假设有 $M_r(F)$ 个半径为 $r/3$ 的球心在 F 上的互不相交的小球包含于 F_r 中. 这样,

$$c_n M_r(F)(r/3)^n \leqslant L^n(F_r).$$

两边取对数

$$\frac{\log(c_n/3^n) + \log M_r(F)}{\log(1/r)} \leqslant n + \frac{\log L^n(F_r)}{\log(1/r)}.$$

再取下极限就得到

$$\underline{\dim}_B(F) \leqslant \underline{\dim}_{MB}(F).$$

两者结合即得所要结论. 证毕.

盒子维数由于用起来方便, 所以经常出现在分形理论的研究中. 所以我们继续讨论一点计算技巧. 我们有如下的简单结论. 假设 F 可以有 N_k 个最大直径是 r_k 的集合覆盖, 其中 $r_k \to 0$. 那么,

$$\dim_H(F) \leqslant \underline{\dim}_B(F) \leqslant \underline{\lim} \frac{\log N_k}{-\log r_k}.$$

如果进一步有 $N_k r_k^s \leqslant C$, $C > 0$ 为一个常数, 那么, $\dim_H(F) \leqslant s$. 如果还有 $\tau \in (0,1)$ 使得 $\tau r_k \leqslant r_{k+1} < r_k$, 那么,

$$\overline{\dim}_B(F) \leqslant \overline{\lim} \frac{\log N_k}{-\log r_k}.$$

事实上, 第一个不等式是利用定义直接得到的. 对于第二个不等式, 根据 Hausdorff 测度的定义有

$$H_{r_k}^s(F) \leqslant N_k r_k^s \leqslant C,$$

所以

$$H^s(F) = \lim H_{r_k}^s(F) \leqslant C.$$

由于 $N_{k+1} \geqslant N_k$, $\forall r \in [r_{k+1}, r_k)$, 我们有

$$N_k \leqslant N_r(F) \leqslant N_{k+1},$$

于是,

$$\log \tau - \log r_{k+1} \leqslant -\log r_k \leqslant -\log r \leqslant -\log r_{k+1},$$

$$\overline{\lim} \frac{\log N_r(F)}{-\log r} \leqslant \overline{\lim} \frac{\log N_k}{-\log r_k}.$$

作业题

1. 证明:

$$\underline{\dim}_B(\bar{F}) = \underline{\dim}_B(F), \quad \overline{\dim}_B(\bar{F}) = \overline{\dim}_B(F).$$

2. 定义 F 为区间 $[0,1]$ 中按十进制不带 5 的数字构成的集合, 求出它的盒子维数.

提示: 定义 $F_0 = [0,1)$, 再定义

$$F_1 = \bigcup_{1 \leqslant i \leqslant 10: i \neq 6} [\frac{i-1}{10}, \frac{i}{10}) := \bigcup I_i(1),$$

注意, $I_i(1) = \frac{i-1}{10} + \frac{1}{10}[0,1)$. 如此类似地定义 $F_2, \cdots, F_k = \bigcup I_i(k), \cdots$, 于是, $\sharp F_k = 9^k$, $|I_i(k)| = 1/10^k$,

$$F = \{1\} \cup \bigcap F_k.$$

3. 对紧集 $F = \{0, 1, 1/2, 1/3, \cdots\}$, 证明 $\dim_B(F) = 1/2$.

提示: 写 $F = \bigcup F_k$, 这里 $F_k = \{0, 1, 1/2, \cdots, 1/k\} = \{a_i\}$. 对任何 $r \in (0,1)$. 取 $k > 1$ 使得 $\frac{1}{k(k+1)} \leqslant \delta < \frac{1}{k(k-1)}$, $U_i(k) = a_i + (-\delta/2, \delta/2)$, $\sharp(\{U_i(k)\}) = k+1$, $F \subset \bigcup U_i(k)$.

12.2 拓扑维数

我们说一个空间 X (这里指的都是距离空间) 的一个开覆盖 $\mathbb{A}$ 的阶数是 $m+1$, 是指存在 X 中的某个点, 它包含在 $\mathbb{A}$ 的 $m+1$ 元素里; 但对于 X 中的任何点, 都不能属于多于 $m+1$ 个 $\mathbb{A}$ 的元素里.

我们说一个空间 X (这里指的都是距离空间) 的拓扑维数是 m, 是指满足下面条件的最小数, 即对于 X 的任何一个开覆盖 $\mathbb{A}$, 存在一个最多阶数为 $m+1$ 的加细 (或者精致) 开覆盖 $\mathcal{B}$. 这里加细覆盖的意思是, 对于任何 $B \subset \mathcal{B}$, 存在 $A \subset \mathbb{A}$ 使得 $B \subset A$. 通常记 $m = \dim(X)$.

例子

1. $I = [0,1]$, I 的拓扑维数是 1. 事实上, 对于 I 的任何一个开覆盖 $\mathbb{A}$, 存在有限子开区间覆盖, 而且每个 I 中的点最多有两个这样的开区间覆盖它; 另外, 由于是紧集的开区间覆盖, 至少有一个点属于两个这样的小开区间.

2. 直线上的任何紧子集 K 的拓扑维数不超过 1.

定义
$$\mathbb{A}_1 = \{(n, n+1); n = 0, \pm 1, \cdots\}$$

和

$$\mathbb{A}_0 = \{(n - \frac{1}{2}, n + \frac{1}{2}); n = 0, \pm 1, \cdots\},$$

以及

$$\mathbb{A} = \mathbb{A}_0 \cup \mathbb{A}_1.$$

所以, $m = \dim(X) \leqslant 1$.

作业题

假设 X 是一个拓扑维数为 m 的距离空间, 而 $F \subset X$ 是一个闭集, 证明: $\dim(F) \leqslant m$.

12.3 Sierpiński 三角形

定义 S_0 是一个边长度等于一的等边三角形. 取 S_0 每个边的中点连线得到四个边长度等于 1/2 的等边三角形. 把中央的三角形去

掉. 定义 S_1 是剩下的三个边长度等于 1/2 的等边三角形.

如此这样得到集合序列 $\{S_k\}_{k=0}^{\infty}$, $S_k \supset S_{k+1}$. 注意 S_k 里有 3^k 个边长等于 2^{-k} 的等边三角形,

Sierpiński 三角形就是如下定义的紧集

$$\mathbb{S} = \bigcap_{k=0}^{\infty} S_k.$$

记

$$\alpha = \log 3/\log 2,$$

所以 $3^K(2^{-K})^\alpha = 1$.

取 $K > 0$ 很大使得 $2^{-K} < \delta$. 这个 S_K 里的三角形构成 $\mathbb{S}$ 的一个覆盖.

于是,

$$H_\delta^\alpha(\mathbb{S}) \leqslant 3^K(2^{-K})^\alpha = 1.$$

这样

$$H^\alpha(\mathbb{S}) \leqslant 1.$$

可以证明 $H^\alpha(\mathbb{S}) > 0$. 这样我们就有结论:

定理 12.6   Sierpiński 三角形 $\mathbb{S}$ 的 Hausdorff 维数等于 $\alpha = \log 3/\log 2$.

证明   我们只需证 $H^\alpha(\mathbb{S}) > 0$ 如下.

假设 $\mathbb{S} \subset \bigcup B_j$, $\mathrm{diam}(B_j) < \delta$, 我们这里可以假设这个覆盖 $\mathbb{B} = \{B_j\}_1^N$ 是有限个小球. 我们取 k 使得

$$2^{-k} \leqslant \min_{1\leqslant j\leqslant N} \mathrm{diam}(B_j) < 2^{-k+1}.$$

断言   假如 $B \subset \mathbb{B}$ 满足

$$2^{-m} \leqslant \min_{1\leqslant j\leqslant N} \mathrm{diam}(B) < 2^{-m+1}, \quad m \leqslant k.$$

那么, B 包含最多是数量级 3^{k-m} 个第 k 代的顶点.

为了证明这个断言, 我们引入与 B 同心但直径是三倍的球 $\hat{B}$. 假设 T_k 是包含在 B 中第 k 代的三角形, 我们用左下角的顶点 v

来标记 T_k. 如果 T'_m 是包含 T_k 中第 m 代的三角形. 那么根据 $\mathrm{diam}(B) \geqslant 2^{-m}$, 我们有

$$v \in T_k \subset T'_m \subset \hat{B}.$$

注意, $L^2(\hat{B}) \simeq 4^{-m}$, 而 $L^2(T'_m) \simeq 4^{-m}$, 所以, $\hat{B}$ 中至多包含 c 个第 m 代的三角形. 每个 T'_m 包含 3^{k-m} 个第 k 代的三角形. 这样, B 包含 $c3^{k-m}$ 个第 k 代的三角形.

记

$$N_m = \sharp\{B \in \mathbb{B}; \quad 2^{-m} \leqslant \mathrm{diam}(B) < 2^{-m+1}\}.$$

于是,

$$\sum_{j=1}^{N} (\mathrm{diam}(B_j))^\alpha \geqslant \sum_m N_m 2^{-m\alpha}.$$

另一方面, 包含在覆盖 $\mathbb{B}$ 中的第 k 代的三角形总数不超过

$$c \sum_m N_m 3^{k-m}.$$

由于 3^k 个第 k 代的三角形的顶点都在集合 $\mathbb{S}$ 中, 所以

$$c \sum_m N_m 3^{k-m} \geqslant 3^k.$$

这样就有

$$\sum_m N_m 3^{-m} \geqslant c^{-1}.$$

由此知道

$$\sum_{j=1}^{N} (\mathrm{diam}(B_j))^\alpha \geqslant \sum_m N_m 3^{-m} \geqslant c^{-1}.$$

这样就证明了 $H^\alpha(\mathbb{S}) > 0$.

证毕.

注 这个结论的证明用到一些覆盖技巧, 这些覆盖技巧在研究分形维数时是常用的.

现在我们回忆之前证明的

Hutchinson 定理   对于给定相似变换 $S_1, \cdots, S_m$ 并有公共的压缩因子 $r \in (0, 1)$, 定义

$$\widetilde{S}(A) = S_1(A) \cup \cdots \cup S_m(A), \quad A \subset R^n, \ A \in \mathbb{K}.$$

那么, 存在唯一的一个紧集 $K \in \mathbb{K}$ 使得 $\widetilde{S}(K) = K$.

关于这个 K 的分形维数我们有结论:

定理 12.7   假如变换 $S_1, \cdots, S_m$ 满足开集分离条件, 即存在一个开集 U 满足

$$S_i(U) \cap S_j(U) = \varnothing, \quad \forall i \neq j, \quad S_1(U) \cup \cdots \cup S_m(U) \subset U.$$

那么, Hutchinson 分形 K 的分形维数是 $\log m / \log(1/r)$.

证明的思路如同上面的 Sierpiński 三角形的证明.

证明   为了不引起记号混乱, 我们记 $F = K$. 记

$$\alpha = \log m / \log(1/r).$$

注意, $mr^\alpha = 1$. 假设 $F \subset \bigcup B_j$, $\text{diam}(B_j) < \delta$, 我们这里可以假设这个覆盖 $F = \{B_j\}_1^N$ 是有限个小球.

回忆我们取一个大球 B 并定义

$$F_k = \widetilde{S}^k(B),$$

这样,

$$F_k = \bigcup_{1 \leqslant n_i \leqslant m; 1 \leqslant i \leqslant k} S_{n_1} \circ S_{n_2} \circ \cdots \circ S_{n_k}(B),$$

而且每个

$$\text{diam}(S_{n_1} \circ S_{n_2} \circ \cdots \circ S_{n_k}(B)) \leqslant cr^k.$$

我们取 $cr^k < \delta$, 于是,

$$H^\alpha_\delta(F) \leqslant \sum_{1 \leqslant n_i \leqslant m; 1 \leqslant i \leqslant k} \text{diam}(S_{n_1} \circ S_{n_2} \circ \cdots \circ S_{n_k}(B))^\alpha$$

$$\leqslant cm^k r^{\alpha k} \leqslant c.$$

所以, $H^\alpha(F) \leqslant c$. 因此, $\dim_H(F) \leqslant \alpha$.

困难的方向是证明 $H^\alpha(F) > 0$. 在这一步, 我们要用类似 Sierpiński 三角形的证明. 证明分如下五步.

第一步: 取一个固定的点 $p \in F$. 规定

$$S_{n_2} \circ \cdots \circ S_{n_k}(p); \quad 1 \leqslant n_i \leqslant m, \ 1 \leqslant i \leqslant k$$

为 m^k 个第 k 代开子集的顶点并给这些顶点标记为 $(n_1, \cdots, n_k)$. 这样顶点可以重叠, 但按重数计算.

第二步: 第 k 代子集为

$$S_{n_2} \circ \cdots \circ S_{n_k}(U); \quad 1 \leqslant n_i \leqslant m, \ 1 \leqslant i \leqslant k,$$

一共有 m^k 个这样的第 k 代开子集, 合并给这些集合标记为 $(n_1, \cdots, n_k)$. 由于 U 满足分离条件, 这样子集也满足. 如果 $l \leqslant k$, 那么每个第 l 代开子集最多和 m^{k-l} 个第 k 代子集相交.

第三步: 取一个第 k 代开子集的顶点 v 和对应的带同一标记的第 k 代开子集 $U(v)$. 注意,

$$d(p, U) < \infty, \quad \text{diam}(U) < \infty.$$

这样就有

$$d(v, U(v)) \leqslant cr^k, \quad cr^k \leqslant \text{diam}(U(v)) \leqslant Cr^k.$$

第四步: 我们取 k 使得

$$r^k \leqslant \min_{1 \leqslant j \leqslant N} \text{diam}(B_j) < r^{k-1}.$$

断言 假如 $B \subset \mathbb{B}$ 满足

$$r^l \leqslant \min_{1 \leqslant j \leqslant N} \text{diam}(B) < r^{l-1}, \quad l \leqslant k.$$

那么, B 包含最多数量级 m^{k-l} 个第 k 代的顶点.

如果第 k 代的顶点 $v \in B$, 我们可以做球 B 的一个其半径为固定大倍数的大球 $\hat{B}$. 根据第三步的结论, 我们有 $U(v) \subset \hat{B}$ 而且 $\hat{B}$ 也包含那个包含 $U(v)$ 的第 l 代开子集.

注意, $L^n(\hat{B}) \simeq r^{nl}$, 而第 l 代开子集的体积是 $L^n((n_1, \cdots, n_l)) \simeq r^{nl}$, 所以, $\hat{B}$ 中至多包含 c 个第 l 代的开子集. 每个第 l 代开子集

$(n_1, \cdots, n_l)$ 包含 m^{k-l} 个第 k 代的开子集. 这样, B 包含 cm^{k-l} 个第 k 代的顶点.

第五步： 记

$$N_l = \sharp\{B \in \mathbb{B}; r^l \leqslant \mathrm{diam}(B) < r^{l-1}\}.$$

于是,

$$\sum_{j=1}^{N}(\mathrm{diam}(B_j))^\alpha \geqslant \sum_l N_l r^{l\alpha}.$$

另一方面, 包含在覆盖 $\mathbb{B}$ 中的第 k 代的开子集总数不超过 $c\sum_l N_l m^{k-l}$. 由于 m^k 个第 k 代的开子集的顶点都在 F 中, 所以,

$$c\sum_l N_l m^{k-l} \geqslant m^k.$$

这样就有

$$\sum_l N_l m^{-l} \geqslant c^{-1}.$$

注意 $r^{l\alpha} = m^{-l}$, 由此知道

$$\sum_{j=1}^{N}(\mathrm{diam}(B_j))^\alpha \geqslant \sum_l N_l r^{l\alpha} \geqslant c^{-1}.$$

这样就证明了 $H^\alpha(F) > 0$.

证毕.

作业题

1. 任取 $a \in (0,1)$, 对于单位区间 $I = [0,1]$, 我们三分这个区间, 把中间的长度为 a 的开区间去掉得到两个等长度的闭区间 $C_1(a)$. 然后, 对这两个区间, 分别再三分把中间的长度为 $\dfrac{a(1-a)}{2}$ 的开区间去掉, 我们得到 $C_2(a)$. 如此这样我们得到 $C_k(a)$, $k \geqslant 2$. 定义

$$C(a) = \bigcap C_k(a).$$

求 $C(a)$ 的分形维数.

2. 任取 $a, b \in (0, 1)$, 对于单位区间 $I = [0, 1]$, 如上定义

$$C(a) = \bigcap C_k(a), \quad C(b) = \bigcap C_k(b), \quad C(a) \times C(b) \subset [0, 1]^2 \subset R^2.$$

求 $C(a) \times C(b)$ 的分形维数.

3. 任取 $a_i \in (0, 1)$: $\sum_{i=1}^{\infty} 2^{i-1} a_i < 1$, 对于单位区间 $I = [0, 1]$, 我们三分这个区间, 把中间的长度为 a_1 的开区间去掉得到两个等长度的闭区间 $C(a_1)$. 然后, 对这两个区间, 分别再三分把中间的长度为 a_2 的开区间去掉, 我们得到 $C(a_2)$. 如此这样我们得到 $C(a_k)$, $k \geqslant 2$. 定义

$$C(\bar{a}) = \bigcap C(a_k).$$

求 $C(\bar{a})$ 的分形维数.

4. 求实轴上点集 $\{0, 1, 2, 3, \cdots\}$ 和 $\{1, 1/2, 1/3, \cdots\}$ 的 Hausdorff 维数.

5. 对于 $f: R \to R$, $f(x) = x^2$, $E \subset R$, 集合 $f(E)$ 和 E 的 Hausdorff 维数一样.

13 Vitali 覆盖引理和位势

本节的主要内容是有着广泛应用的 Vitali 覆盖引理, 以及位势与维数的关系. 我们要介绍 Newton 位势, 这段数学内容在历史上是很重要的.

13.1 Vitali 覆盖引理

我们引入记法: 令 $B = B_r(x) \subset R^n$, 记 $\hat{B} = B_{5r}(x)$.

现在我们来证明前面说起过的

Vitali 覆盖引理 对于 R^n 中闭球族 $\mathbf{B}$, 我们假设

$$R = \sup\{\mathrm{diam}(B); \ B \in \mathbf{B}\} < \infty,$$

那么存在闭球族 $\mathbf{B}$ 中一个互不相交球的子族 $\mathbf{B}' \subset \mathbf{B}$ 使得

$$\bigcup_{B \subset \mathbf{B}} B \subset \bigcup_{B' \subset \mathbf{B}'} \hat{B}',$$

而且对任何球 $B \subset \mathbf{B}$ 存在与 B 相交的

$$B' \subset \mathbf{B}', \quad B' \cap B \neq \varnothing, \quad B \subset \hat{B}'.$$

证明 对 $j = 1, 2, \cdots$, 定义

$$\mathbf{B}_j = \{B \subset \mathbf{B}; \ \frac{R}{2^{j+1}} < \mathrm{diam}(B) \leqslant \frac{R}{2^j}\},$$

于是,

$$\mathbf{B} = \bigcup_{j=1}^{\infty} \mathbf{B}_j.$$

下面我们归纳定义 $\mathbf{B}'_j \subset \mathbf{B}_j$, 使得 $\mathbf{B}'_1$ 是 $\mathbf{B}_j$ 中的极大互不相交的子族. 对 $j \geqslant 2$ 和给定的 $\mathbf{B}'_1, \cdots, \mathbf{B}'_{j-1}$, 定义 $\mathbf{B}'_j$ 是

$$\{B \subset \mathbf{B}_j;\ B \cap B' = \varnothing;\ \forall B' \in \bigcup_{i=1}^{j-1} \mathbf{B}'_i\}$$

中的极大互不相交的子族; 于是, 对 $j \geqslant 1$, $B \in \mathbf{B}_j$, 我们必然有

$$\exists B' \in \bigcup_{i=1}^{j} \mathbf{B}'_i, \quad \text{s.t.,} \quad B \cap B' \neq \varnothing.$$

不然这就与 $\mathbf{B}'_j$ 的极大性矛盾. 对于这样的 B, B', 由于

$$\mathrm{diam}(B) \leqslant \frac{R}{2^{j-1}} = \frac{2R}{2^j} \leqslant 2\,\mathrm{diam}(B'),$$

所以 $B \subset \hat{B}'$; 这样我们有

$$\mathbf{B}' = \bigcup_{i=1}^{\infty} \mathbf{B}'_i.$$

证毕.

定义 13.1　给定集合 $A \subset R^n$, 我们称闭球族 $\mathbf{B}$ 是 A 的精致覆盖, 是指对 $\epsilon > 0$, $x \in A$, 存在 $B \in \mathbf{B}$ 使得 $x \in B$ 而且 $\mathrm{diam}(B) < \epsilon$.

Vitali 引理的一个重要**推论**是: 如果闭球族 $\mathbf{B}$ 是集合 A 的精致覆盖, 那么对前面的 $\mathbf{B}'$ 有

$$A \backslash \bigcup_{j=1}^{N} B_j \subset \bigcup_{B' \in \mathbf{B}' - \{B_1, \cdots, B_N\}} \hat{B}'.$$

证明　对于任何 $x \in A \backslash \bigcup_{j=1}^{N} B_j$, $B_r(x) \subset R^n \backslash \bigcup_{j=1}^{N} B_j$, 由于闭球族 $\mathbf{B}$ 是集合 A 的精致覆盖, 所以我们可以找到 $B \in \mathbf{B}$ 使得 $B \subset B_r(x)$, 这样

$$B \cap \bigcup_{j=1}^{N} B_j = \varnothing.$$

根据 Vitali 引理我们有

$$B' \in \mathbf{B}', \quad B' \cap B \neq \varnothing, \quad B \subset \hat{B}'.$$

于是对 $j = 1, \cdots, N$, $B' \neq B_j$. 因此,

$$x \in \bigcup_{B' \in \mathbf{B}' - \{B_1, \cdots, B_N\}} \hat{B}'.$$

即证.

13.2 Newton 位势

我们先来看看 Newton 位势这个经典概念的由来. 我们都知道, 宏观上, 作用在物体上的一个作用力 F 是无自旋的, 也是不可压缩的. 数学上, 可以把这两个关系写为

$$\text{curl}(F) = 0, \quad \nabla \cdot F = \text{div}(F) = 0,$$

这里

$$F: R^3 \to R^3, \quad F = (F_1, F_2, F_3),$$

$$\text{div}(F) = \sum_i \frac{\partial F_i}{\partial x^i},$$

$$\text{curl}(F) = \left(\frac{\partial F_i}{\partial x^j} - \frac{\partial F_j}{\partial x^i} \right).$$

这样我们可以写 F 为某个函数 u 的梯度

$$F = \nabla u.$$

所以根据不可压缩性质知道在 R^n 上,

$$\Delta u = 0.$$

这个就是著名的 Laplace 方程. 这里,

$$\Delta u = \sum_i \frac{\partial^2 u}{(\partial x^i)^2}.$$

根据万有引力定律, 我们知道, 对于质量为 m_z, 位置在 $z \in R^3$ 的单个质点的系统, 点 x 处受到的作用力的表达式是

$$F(x) = -\frac{(x-z)m_z}{|x-z|^3}.$$

这样, $F(x) = \nabla u(x)$, 这里

$$u(x) = \frac{m_z}{|x-z|}.$$

我们称之为位势函数.

对有 N 个质点 (z_i, m_i) 的系统, 对应的位势函数是

$$u(x) = \sum_i \frac{m_i}{|x-z_i|}.$$

当质点充满整个区域 $\Omega \subset R^3$ 时, 记 $m(z)$ 为质量密度, 那么对应的位势函数是

$$u(x) = \int_{R^3} \frac{m(z)}{|x-z|} dz,$$

这个就是 $n = 3$ 的 Newton 位势的表达式.

对于一般的 R^n, Newton 位势就定义为

$$u(x) = \int_{R^n} \frac{f(y)}{|x-y|^{n-2}} dy := I_2(f),$$

如果 $f \in C_0^2(R^n)$, 则容易算出在 R^n 上有

$$-\Delta u(x) = f(x).$$

练习题

如果 $f \in C_0^2(R^n)$, 定义

$$u(x) = \int_{R^n} \frac{f(y)}{|x-y|^{n-2}} dy := I_2(f),$$

验证:

$$-\Delta u(x) = f(x), \quad x \in R^n.$$

利用极坐标表示和分部积分, 我们可以有下面的估计.

命题 13.2 给定区域 $\Omega \subset R^n$, $R = \text{diam}(\Omega) < \infty$. 对于 $f \in$

$L^1(\Omega)$, $p > 1$, $p\mu > 1$, $x \in \Omega \subset R^n$, $r > 0$, $\Omega_r = B(x_0, r) \bigcap \Omega$,
定义

$$V_\mu f(x) = \int_\Omega |x - y|^{n(\mu - 1)} f(y) dy.$$

假设

$$\int_{\Omega_r} |f| \leqslant C r^{n(1 - \frac{1}{p})},$$

那么,

$$|V_\mu f(x)| \leqslant \frac{p - 1}{\mu p - 1} R^{n(\mu - \frac{1}{p})} C.$$

证明 首先规定

$$f(x) = 0, \quad x \in \Omega^c.$$

对 $x, y \in \Omega$, $r = |x - y|$. 我们直接计算,

$$|V_\mu f(x)| \leqslant \int_\Omega r^{n(\mu - 1)} |f(y)| dy$$

$$= \int_0^R r^{n(\mu - 1)} \int_{\partial B_r(x)} |f(y)| d\sigma_y dr$$

$$= \int_0^R r^{n(\mu - 1)} dr \partial_r \int_{B_r(x)} |f(y)| dy$$

$$= R^{n(\mu - 1)} \int_{B_R(x)} |f(y)| dy$$

$$+ n(1 - \mu) \int_0^R r^{n(\mu - 1) - 1} \int_{B_r(x)} |f(y)| dy dr$$

$$\leqslant C R^{n(\mu - 1) + n(1 - \frac{1}{p})}$$

$$+ nC(1 - \mu) \int_0^R r^{n(\mu - 1) - 1 + n(1 - \frac{1}{p})} dr$$

$$= \frac{p - 1}{\mu p - 1} C R^{n(\mu - \frac{1}{p})}.$$

证毕.

作业题

查阅文献, 给出这个 Newton 位势的一个综述.

13.3　质量分布和位势

给出 R^n 上的一个质量分布 μ, 我们可以定义一个 s-位势如下:

$$u_s(x) = \int_{R^n} \frac{d\mu(y)}{|x-y|^s}.$$

对于 $n=3$, $s=1$, 这个就是 R^3 上的 Newton 位势. 我们还可以定义这个位势的 s-能量

$$I_s(\mu) = \int_{R^n} u_s(x)d\mu(x) = \int_{R^n} d\mu(x) \int_{R^n} \frac{d\mu(y)}{|x-y|^s}.$$

命题 13.3　假设 $A \subset R^n$ 是质量分布 μ 的支撑集合, 定义集合

$$S = \{x \in A; \ \overline{\lim}_{r \to 0} \frac{\mu(B_r(x))}{r^s} > 0\}.$$

假设

$$I_s(\mu) < \infty,$$

则 $\mu(S) = 0$.

证明　对 $x \in S$, 存在 $\epsilon > 0$ 和单调下降序列 $r_i \to 0$ 有
$$\frac{\mu(B_{r_i}(x))}{r_i^s} \geqslant \epsilon r_i^s.$$

取 $\rho_i < r_i$, 并令 $T_i = B_{r_i}(x)\backslash B_{\rho_i}(x)$, 使得 $\mu(T_i) \geqslant \frac{1}{4}\epsilon r_i^s$. 注意我们可以取 $r_{i+1} < \rho_i$, 这样 $\{T_i\}$ 是互不相交的. 于是,

$$u_s(x) \geqslant \sum_i \int_{T_i} \frac{d\mu(y)}{|x-y|^s} \geqslant \sum_i \frac{1}{4}\epsilon r_i^s r_i^{-s} = \infty.$$

但是,

$$I_s(\mu) < \infty,$$

所以

$$u_s(x) < \infty, \quad a.e. \quad x,$$

因此,

$$\mu(S) = 0.$$

作业题

给定一个 Lipschitz 连续函数 $u: [a,b] \subset R \to R$. 对于任何集合 $A \subset R^2$, 定义

$$\mu(A) = L^1(\{(x,y) \in A; \ y = u(x)\}).$$

证明 μ 是一个质量分布.

对与质量分布有重要关系的覆盖, 我们有结论如下:

定理 13.4   给定 R^n 上的一个质量分布; 给定 $A \subset R^n$ 使得 $\mu(A) < \infty$; 给定 A 的闭球精致覆盖 $\mathbf{B}$. 那么存在一个可数的互不相交的集合子族 $\mathbf{F} \subset \mathbf{B}$ 使得

$$\mu(A - \bigcup\{B; B \subset \mathbf{F}\}) = 0.$$

这个结论的证明虽然不是很难, 但我们略去证明. 我们关注其应用.

引理 13.5   给定 R^n 上的两个质量分布 μ, ν, 给定 $a > 0$, 定义

$$E_a := \{x \in R^n; \ \sup_{r>0} \frac{\mu(B_r(x))}{\nu(B_r(x))} > a\}.$$

则 $\mu(E_a) \geqslant a\nu(E_a)$.

证明   不失一般性, 我们可以假设 E_a 是一个有界集合, 而且 $\mu(E_a) + \nu(E_a) < \infty$. 任取开集 $U \supset E_a$. 取 $\epsilon > 0$, 对于任何 $x \in E_a$, 存在 $r_i \to 0$ 使得对 $r = r_i$,

$$\mu(B_r(x)) > (a+\epsilon)\nu(B_r(x)), \quad B_r(x) \subset U.$$

用这些小球做出 E_a 的精致覆盖 $\mathbf{B}$, 利用上面的定理我们找到子覆盖 $\mathbf{F}$. 于是

$$(a+\epsilon)\nu(E_a) \leqslant (a+\epsilon)\bigcup_{B \in \mathbf{F}} \nu(B) \leqslant \bigcup_{B \in \mathbf{F}} \mu(B) \leqslant \mu(U).$$

由于 $U, \epsilon > 0$ 是任意的, 于是, $\mu(E_a) \geqslant a\nu(E_a)$. 证毕.

现在我们给出 Lebesgue 定理的一个推广形式.

定理 13.6 给定 R^n 上的质量分布 μ. 假设 f 是关于 μ-局部可积的函数. 于是,

$$\lim_{r\to 0} \frac{1}{\mu(B_r(x))} \int_{B_r(x)} f(y)d\mu(y) = f(x), \quad \text{a.e. } x \in R^n.$$

证明 任取一个连续函数 $g(x)$, 于是

$$\left| \frac{1}{\mu(B_r(x))} \int_{B_r(x)} f(y)d\mu(y) - f(x) \right|$$

$$\leqslant \frac{1}{\mu(B_r(x))} \int_{B_r(x)} |f(y) - g(y)|d\mu(y)$$

$$+ \frac{1}{\mu(B_r(x))} \int_{B_r(x)} |g(y) - f(x)|d\mu(y).$$

定义

$$M(x) = \lim_{r\to 0} \left| \frac{1}{\mu(B_r(x))} \int_{B_r(x)} f(y)d\mu(y) - f(x) \right|$$

和

$$N(x) = \sup_{r>0} \frac{1}{\mu(B_r(x))} \int_{B_r(x)} |f(y) - g(y)|d\mu(y).$$

注意,

$$\frac{1}{\mu(B_r(x))} \int_{B_r(x)} |f(y) - g(y)|d\mu(y) \leqslant N(x).$$

而且

$$\frac{1}{\mu(B_r(x))} \int_{B_r(x)} |g(y) - f(x)|d\mu(y) \to |g(x) - f(x)|, \quad r \to 0.$$

于是上述关系可以写为

$$M(x) \leqslant N(x) + |g(x) - f(x)|.$$

由于 $M(x) > a$, 必有 $N(x) > a/2$ 或者 $|g(x) - f(x)| > a/2$. 注意, 不可能同时有 $N(x) \leqslant a/2$ 和 $|g(x) - f(x)| \leqslant a/2$. 所以

$$\{x;\ M(x) > a\} \subset \{x; N(x) > a/2\} \cup \{x;\ |g(x) - f(x)| > a/2\}.$$

根据上面的结论知道

$$\mu(\{x;\ M(x) > a\}) \leqslant \frac{2}{a} \int_{R^n} |f(x) - g(x)| d\mu + \frac{2}{a} \int_{R^n} |f(x) - g(x)| d\mu.$$

根据 f 的可积性, 我们可以取连续的 g:

$$\int_{R^n} |f(x) - g(x)| d\mu \to 0.$$

这样就得到所要的结论. 证毕.

作业题

假设 f 是关于 L^n-局部可积的函数. 对 $0 \leqslant s < n$, 定义

$$A_s = \{x \in R^n;\ \varlimsup_{r \to 0} \frac{1}{r^s} \int_{B_r(x)} |f(y)| dy > 0\}.$$

证明, $H^s(A_s) = 0$.

作为注记, 我们指出, 对于 $u \in C^{1,1}_{\text{loc}}(R^n) \cap \mathbb{L}$,

$$\mathbb{L} := \{u \in L^1_{\text{loc}}(R^n);\ \int_{R^n} \frac{|u(x)|}{1 + |x|^{n+\alpha}} dx < \infty\}.$$

我们定义 u 的分数阶 Laplace 算子为

$$(-\Delta)^{\alpha/2} u(x) = C(n, \alpha) P.V. \int_{R^n} \frac{f(x) - f(y)}{|x - y|^{n+\alpha}} dy,$$

其中的 $C(n, \alpha)$ 为一致正常数, 而 $P.V. \displaystyle\int_{R^n} = \lim_{\epsilon \to 0} \int_{R^n \backslash B_\epsilon(x)}$ 代表

Cauchy 主值积分.

对于一个有界区域 Ω, 假设 $s = n - \alpha, 0 < \alpha < 2, f \in C^1_0(\overline{\Omega})$, 令 $d\mu(y) = f(y) dy$, 则由

$$u_s(x) = \int_{R^n} \frac{d\mu(y)}{|x - y|^s}$$

定义的函数是分数阶的 Poisson 方程

$$(-\Delta)^{\alpha/2} u_s(x) = f(x),\ x \in \Omega$$

的形式解而且

$$u(x) = 0,\ x \in \Omega^c.$$

在近期关于分数阶 Laplace 算子的研究里, 由于 L. Caffarelli-

Silvestre 等人令人瞩目的工作, 很多人对这个领域给予了高度的关注和研究. 特别是, Chen W., Li. C. M. 等对下面这个分数阶的非线性问题正解的分类

$$(-\Delta)^{\alpha/2}u(x) = u(x)^{\frac{n+\alpha}{n-\alpha}}, \ x \in R^n$$

做出了令人满意的结果. 马力和赵琳 (2010, ARMA) 对等离子体 Hartree (Choquard) 方程正解也给出了分类结果. 雷雨田、刘白羽、梅林锋等对相关的非线性薛定谔方程组的基态解也做出了很有意义的结果. 有兴趣的读者可以参考最近 Chen W. X. 等人合写的专著 *The fractional Laplacian*, World Scientific Publishing, Singapore, 2020.

14 有界变差函数

本节介绍数学上最基本的结论之一, **Rademacher 定理: Lipschitz 函数是几乎处处可微的.**

14.1 有界变差函数和可求长度曲线

光滑曲线一般有正的 L^1 测度, 所以有一维的 Hausdorff 维数. 但一些连续曲线, 比如 von Koch 曲线有分数的 Hausdorff 维数. 本节的主要议题是, 要说明有些连续曲线一般有正的 H^1 测度, 所以有一维的 Hausdorff 维数. 这类曲线在数学上很重要, 称之为可求长度曲线, 它的高维推广叫可求长度曲面, 是几何测度论的主要议题.

对于一个连续曲线 $F: [a, b] \to R^n$, 我们如何求其长度呢? 一般来说, 这个是一个困难的问题. 根据 Riemann 和, 我们把 $[a, b]$ 做任意的分割

$$\Delta: a = t_0 < t_1 < \cdots < t_N = b.$$

定义 14.1 如果存在一个一致的常数 $M > 0$, 使得

$$\sum_{i=1}^{N} |F(t_i) - F(t_{i-1})| := \sum_{\Delta} |F| \leqslant M.$$

注意, 如果给出的分割 Δ' 是分割 Δ 的加细, 根据三角不等式, 我们知道

$$\sum_{\Delta} |F| \leqslant \sum_{\Delta'} |F|.$$

我们就说这个曲线是可求长度曲线. 定义其长度为

$$L(F) = \sup_{\Delta} \sum_{i=1}^{N} |F(t_i) - F(t_{i-1})|.$$

我们记 $F(t) = (F_1(t), \cdots, F_n(t))$.

对于 $n = 1$, 我们称这种函数是有界变差函数. 容易看出:

1. 单调有界函数 f 是有界变差函数. 不妨设, f 是单调增函数. 于是,

$$\sum_{i=1}^{N} |f(t_i) - f(t_{i-1})| = \sum_{i=1}^{N} [f(t_i) - f(t_{i-1})] = f(b) - f(a) = M.$$

注意, 有的单调有界的函数不是连续函数; 所以, 这个例子也告诉我们, 一个有界变差函数不一定是连续函数.

2. Lipschitz 函数是有界变差函数. 因为

$$|f(x) - f(y)| \leqslant L|x - y|,$$

所以,

$$\sum_{i=1}^{N} |f(t_i) - f(t_{i-1})| \leqslant L(b - a) = M.$$

几何上是清楚的, 这个长度 $L(F)$ 就是我们做折线逼近的极限. 如果 $F \in C^1[a, b]$, 自然有

$$|F(t_i) - F(t_{i-1})| = |F'(\xi_i)|(t_i - t_{i-1}),$$

所以,

$$L(F) = \int_a^b |F'(t)| dt.$$

定理 14.2 曲线 $F(t)$ 是可求长度曲线的充要条件是每个分量 $F_i(t)$ 是有界变差函数.

证明 根据

$$|F| \leqslant \sum_i |F_i| \leqslant \sqrt{n}|F|$$

立即可得. 证毕.

定理 14.3 $f\colon [a,b] \to R$ 是有界变差函数的充要条件是它是两个单调函数的差.

我们先定义 $[a,x]$ 上的全变差 $T_f(a,x)$:

$$T_f(a,x) = \sup \sum |f(t_i) - f(t_{i-1})|, \quad t_i \leqslant x.$$

再定义一个正变差, 然后再定义一个负变差. 对 $f\colon [a,x] \to R$, 正变差定义为

$$P_f(a,x) = \sup \sum_{(+)} [f(t_i) - f(t_{i-1})],$$

这里的和式里要求 $f(t_i) - f(t_{i-1}) \geqslant 0, t_i \leqslant x$.

定义负变差为

$$N_f(a,x) = \sup \sum_{(-)} -[f(t_i) - f(t_{i-1})],$$

这里的和式里要求 $f(t_i) - f(t_{i-1}) \leqslant 0, t_i \leqslant x$.

引理 14.4 假设 $f\colon [a,b] \to R$ 是有界变差函数, 那么

$$f(x) - f(a) = P_f(a,x) - N_f(a,x), \quad x > a,$$

而且

$$T_f(a,x) = P_f(a,x) + N_f(a,x).$$

证明 对于任何 $\epsilon > 0$, 存在分割

$$\Delta\colon \quad a = t_0 < t_1 < \cdots < t_N = x,$$

使得

$$|P_f(a,x) - \sum_{(+)} [f(t_i) - f(t_{i-1})]| < \epsilon$$

和

$$|N_f(a,x) - \sum_{(-)} -[f(t_i) - f(t_{i-1})]| < \epsilon.$$

根据

$$f(x) - f(a) = \sum_{(+)} [f(t_i) - f(t_{i-1})] - \sum_{(-)} -[f(t_i) - f(t_{i-1})]$$

可以知道

$$|f(x) - f(a) - [P_f(a,x) - N_f(a,x)]| < 2\epsilon.$$

根据

$$\sum_{i=1}^{N} |f(t_i) - f(t_{i-1})| = \sum_{(+)} [f(t_i) - f(t_{i-1})] + \sum_{(-)} -[f(t_i) - f(t_{i-1})]$$

我们立即知道

$$T_f(a,x) \leqslant P_f(a,x) + N_f(a,x).$$

另一方面, 如果先对左边取上确界, 我们有

$$T_f(a,x) \geqslant \sum_{(+)} [f(t_i) - f(t_{i-1})] + \sum_{(-)} -[f(t_i) - f(t_{i-1})].$$

所以

$$T_f(a,x) \geqslant P_f(a,x) + N_f(a,x).$$

证毕.

利用这个引理, 我们可以立即证明上述定理.

证明　如果 $f = f_1 - f_2$, f_i 单调增而且有界, 那么 f 是有界变差函数.

反过来, 如果 f 是有界变差函数, 那么由以上引理知道

$$f(x) - f(a) = P_f(a,x) - N_f(a,x),$$

于是令 $f_1(x) = P_f(a,x) + f(a)$, $f_2(x) = N_f(a,x)$ 即可.

证毕.

14.2　Lebesgue 可微定理和 Rademacher 定理

有界变差函数有意思的地方在于下面这个结论.

定理 14.5　假设 $f: [a,b] \to R$ 是有界变差函数, 那么它是几乎

处处可微的.

这个定理的有用的 (也是基本的) 推论是著名的

Rademacher 定理　**Lipschitz 函数是几乎处处可微的.**

上面这个定理的证明是困难的. 这个定理是下面这个结论的推论, 所以这里给出详细的证明. 很多几何测度论的书是假设这个结论的, 比如 [6]; 我们这里给的证明不一定是最直接的, 读者可以参考后面列的 Stein 等人的书 [1] 或者参考文献 [8]. 在 [8] 中证明是 Lebesgue 定理的结论, 即是:

Lebesgue 可微定理　**连续的单调函数是几乎处处可微的.**

为证明这个结论, 我们需要做一些准备. 给定有界闭区间上的函数 $f: [a, b] \to R$, 对每个 $x \in [a, b], h \neq 0$, 我们可以定义差商

$$L(x, h) = \frac{f(x+h) - f(x)}{h},$$

以及它的 Dini 导数如下:

$$\underline{D}f(x) = \underline{\lim}_{h \to 0} L(x, h), \quad \overline{D}f(x) = \overline{\lim}_{h \to 0} L(x, h).$$

注意,

$$\underline{D}f(x) = \lim_{k \to \infty} \inf_{\{h \in \mathcal{Q}, -1/k < h < 1/k\}} L(x, h),$$

和

$$\overline{D}f(x) = \lim_{k \to \infty} \sup_{\{h \in \mathcal{Q}, -1/k < h < 1/k\}} L(x, h).$$

所以, 不可微点集

$$B = \{x \in [a, b]; \ \underline{D}f(x) < \overline{D}f(x)\}$$

是 Borel 集合.

通常在可微点 x 处有 $-\infty < \underline{D}f(x) = \overline{D}f(x) < \infty$. 而在不可微点处,

$$-\infty \leqslant \underline{D}f(x) < \overline{D}f(x) \leqslant \infty.$$

对于单调增函数, 我们有 $L(x, h) \geqslant 0$, 所以 $\underline{D}f(x) \geqslant 0$.

对于 $[a, b]$ 中的开集合 U 和 $\epsilon > 0$ 以及实数 c, 定义

$$S = \{x \in U;\ \overline{D}f(x) > c\}.$$

根据 $\overline{D}f(x)$ 的定义, 可以取 $h_j \to 0$, 使得

$$L(x, h_j) > c.$$

因此, $c(y_j - x_j) < f(y_j) - f(x_j)$. 如果 $h_j > 0$, 令 $I_j(x) = [x, x + h_j]$; 不然就令 $I_j(x) = [x + h_j, x]$. 于是 $S \subset \bigcup \{I_j(x), x \in S\}$. 根据 Vitali 覆盖引理, 我们可以找出互不相交的区间 $I_j = [x_j, y_j]$ 使得它们的 3 倍 $3[x_j, y_j]$ 覆盖 S 而且

$$S \setminus \bigcup_{j=1}^{N} I_j \subset \bigcup_{j \geqslant N+1} 3I_j, \qquad \sum_{j \geqslant N+1} |I_j| < 1/3\epsilon.$$

于是

$$L^1 \left(S \setminus \bigcup_{j=1}^{N} I_j \right) < \sum_{j \geqslant N+1} |3I_j| < \epsilon.$$

这样, 我们就证明了如下的引理.

引理 A 给定有界闭区间上的函数 $f: [a, b] \to R$, 对于 $[a, b]$ 中的开集合 U 和 $\epsilon > 0$ 以及实数 c, 定义

$$S = \{x \in U;\ \overline{D}f(x) > c\}.$$

那么, 存在 U 中互不相交的区间 $I_j = [x_j, y_j]$, 使得

$$L^1 \left(S \setminus \bigcup_{j=1}^{N} I_j \right) < \sum_{j \geqslant N+1} |3I_j| < \epsilon, \quad c(y_j - x_j) < f(y_j) - f(x_j).$$

注意, 在上面的结论中, 我们可以给 x_j 和 y_j 排序使得 $y_{j-1} \leqslant x_j$. 我们要把这个结论用到 $[a, b]$ 上的单调增函数中. 我们取 $U = (a, b)$ 和 $c > 0$, 那么有

$$cL^1(S \cap (a, b)) \leqslant cL^1 \left(S \cap (a, b) \setminus \bigcup_{j=1}^{N} I_j \right) + c \sum_{j=1}^{N} |I_j|$$

$$\leqslant c\epsilon + \sum_{j=1}^{N}(f(y_j) - f(x_j))$$

$$\leqslant c\epsilon + f(y_N) - f(x_1)$$

$$\leqslant c\epsilon + f(b) - f(a).$$

由于 ϵ 是任意的, 所以

$$cL^1(S \cap (a,b)) \leqslant f(b) - f(a).$$

定义

$$S_\infty = \{x \in (a,b); \ \overline{D}f(x) = \infty\}.$$

那么 $S_\infty \subset S$, 对任意的 $c > 0$, 由上面的关系

$$cL^1(S_\infty \cap (a,b)) \leqslant cL^1(S \cap (a,b)) \leqslant f(b) - f(a).$$

令 $c \to \infty$, 得

$$L^1(S_\infty \cap (a,b)) = 0.$$

即对单调增函数, 对几乎所有的 $x \in (a,b)$ 有 $\overline{D}f(x) < \infty$.

在以上引理中把 f 用 $-f$ 代替, 我们可以得到:

引理 B 给定有界闭区间上的函数 $f\colon [a,b] \to R$, 对于 $[a,b]$ 中的开集合 U 和 $\epsilon > 0$ 以及实数 c, 定义

$$S = \{x \in U; \ \underline{D}f(x) < c\}.$$

那么, 存在 U 中互不相交的区间 $I_j = [x_j, y_j]$, 使得

$$L^1(S \setminus \bigcup_{j=1}^{N} I_j) < \sum_{j \geqslant N+1} |3I_j| < \epsilon, \quad c(y_j - x_j) > f(y_j) - f(x_j).$$

现在我们来证明 Lebesgue 可微定理.

证明 定义

$$P = \{x \in (a,b); \ \overline{D}f(x) > \underline{D}f(x)\}.$$

由于 f 是单增的, $\underline{D}f(x) \geqslant 0$, 所以对 $S(cd) := \{x \in (a,b); \ \underline{D}f(x) <$

$$c < d < \overline{D}f(x)\},$$

$$P = \bigcup_{\{0<c<d;\ c,d\in\mathcal{Q}\}} S(cd).$$

对每个 $S(cd)$, 取开集 $U : S(cd) \subset U$, $L^1(U \backslash S(cd)) < L^1(S(cd)) + \epsilon$.
对 $S = S(cd)$ 用引理 B, 我们可以得到 U 中互不相交的闭区间 $I_j = [x_j, y_j]$ 使得

$$f(y_j) - f(x_j) \leqslant c(y_j - x_j), \quad \sum_j |I_j| \leqslant L^1(U) \leqslant L^1(S(cd)) + \epsilon,$$

$$L^1\left(S(cd) \backslash \bigcup_{j=1}^N I_j\right) < \epsilon.$$

由于

$$dL^1(S(cd) \cap I_j) \leqslant f(y_j) - f(x_j) \leqslant c(y_j - x_j), \quad j = 1, \cdots, N.$$

求和得到

$$dL^1\left(S(cd) \cap \bigcup_{j=1}^N I_j\right) \leqslant c\sum_{j=1}^N |I_j| \leqslant cL^1(U) \leqslant cL^1(S(cd)) + c\epsilon.$$

根据

$$L^1\left(S(cd) \backslash \left(\bigcup I_j\right)\right) < \epsilon,$$

我们得

$$dL^1(S(cd)) \leqslant cL^1(S(cd)) + (c+d)\epsilon.$$

令 $\epsilon \to 0$, 有

$$dL^1(S(cd)) \leqslant cL^1(S(cd)), \quad (d-c)L^1(S(cd)) \leqslant 0.$$

所以, $L^1(S(cd)) = 0$, 因此, $L^1(P) = 0$. 即证.

14.3　可求长度曲线的长度

对我们来说, 重要的是下面的结论.

定理 14.6　假设 $F(t)$ $(t \in [a,b])$ 是一个简单曲线 (对 $t \neq s$, $F(t) \neq F(s)$). 则曲线 $F(t)$ 是可求长度曲线的充要条件是 $\Gamma = \{F(t);$

$t \in [a, b]\}$ 有严格正的一维 Hausdorff 测度. 此时, $L(F) = H^1(\Gamma)$.

证明 现设曲线 $F(t)$ 是可求长度曲线. 我们用弧长参数来表示 $\Gamma = \{\gamma(s); 0 \leqslant s \leqslant L(F)\}$. 对于弧长参数, 我们有

$$|\gamma(s_1) - \gamma(s_2)| \leqslant |s_1 - s_2|.$$

根据之前关于 Lipschitz 像的结果知道, $H^1(\Gamma) \leqslant L(F) := L$.

现在取一个分割

$$0 = s_0 < s_1 < \cdots < s_N = L,$$

记 $\Gamma_i = \{\gamma(s); s_i \leqslant s \leqslant s_{i+1}\}$.

于是, $\Gamma = \bigcup \Gamma_i$, $H^1(\Gamma) = \sum_i H^1(\Gamma_i)$.

记 $L_i = |\gamma(s_{i+1}) - \gamma(s_i)|$,

$$\Gamma_i = \{\gamma(s); s_i \leqslant s \leqslant s_{i+1}\},$$

我们考察线段 $\overline{\gamma(s_i)\gamma(s_{i+1})}$, 并把它用平移和旋转放在 x_1 轴上. 于是对于到 x_1 轴的正交投影

$$P_1(x) = x_1, \quad x = (x_1, \cdots, x_n),$$

有

$$|P_1(x) - P_1(y)| \leqslant |x - y|.$$

于是

$$L_i \leqslant H^1(\Gamma_i), \quad \sum_i L_i \leqslant H^1(\Gamma).$$

取极限后得到

$$L \leqslant H^1(\Gamma).$$

也就是说, 曲线 Γ 有正的一维 Hausdorff 测度.

反过来, 如果 $0 < H^1(\Gamma) < \infty$. 取一个分割

$$0 = s_0 < s_1 < \cdots < s_N = L,$$

重复上面的论证即可知道, 曲线 F 是可求长度曲线.

证毕.

14.4   绝对连续函数

比有界变差函数条件强一点的是绝对连续函数. 我们说一个实值函数 $f\colon [a,b] \to R$ 是绝对连续函数, 是指 $\forall \epsilon > 0$ 存在 $\delta > 0$ 使得对任何有限个互不相交的小区间

$$I_i = (a_i, b_i) \subset [a,b], \quad \sum_i |I_i| < \delta$$

有

$$\sum_i |f(b_i) - f(a_i)| < \epsilon.$$

从定义上看, 绝对连续函数是连续的, 而且是一致连续的. 对于有界区间上的绝对连续函数, 它也是有界变差函数; 这样绝对连续函数都可以写成两个单调增的连续的函数的差, 而且绝对连续函数是几乎处处可微的. 回忆对于单调增的连续函数 F, $F'(x) \geqslant 0$ 几乎处处存在而且可积满足

$$\int_a^b F'(x)dx \leqslant F(b) - F(a).$$

这样, 对于一般的绝对连续函数, 它的导数函数是可积函数.

作为例子, 如果 $f \in L^1[a,b]$, 对 $F(x) = \displaystyle\int_a^x f(t)dt$, 根据积分的绝对连续性, 我们可以看出 F 是一个绝对连续函数.

对于绝对连续函数, 我们有下面的唯一性结果.

定理 14.7   对区间 $[a,b]$ 上的绝对连续函数 f, 它是几乎处处可微的, 而且如果 $f'(x) = 0$ 几乎处处成立, 那么 f 是一个常数.

证明   我们只需证明后半部分即如果 $f'(x) = 0$ 几乎处处成立, 那么 f 是一个常数. 定义

$$A = \{x \in [a,b]; \quad \lim_{h \to 0} \frac{f(x+h) - f(x)}{h} = f'(x)\}.$$

根据前一段结论, $|A| = b - a$. 对于 $x \in A$, 存在 $\delta_x > 0$, 使得

$$|f(b_x) - f(a_x)| \leqslant \epsilon(b_x - a_x), \quad I_x = (a_x, b_x) \subset (-\delta_x + x, x + \delta_x),$$

这些小区间构成了 $[a,b]$ 的覆盖. 根据 Vitali 覆盖定理, 我们知道存

在有限个互不相交的小区间 I_i: $\sum |I_i| \geqslant b - a - 2\delta$. 利用上面的关系知道,

$$\sum_i |f(b_i) - f(a_i)| \leqslant \epsilon(b - a).$$

记

$$B = [a, b] \backslash \bigcup_i I_i.$$

于是,

$$B = \bigcup_{i=1}^{N} [c_i, d_i], \quad |B| = \sum |d_i - c_i| < 2\delta,$$

从而由绝对连续性知,

$$\sum_{i=1}^{N} |f(d_i) - f(c_i)| \leqslant \epsilon.$$

综合之, 我们有

$$|f(b) - f(a)| \leqslant \sum_i |f(b_i) - f(a_i)| + \sum_{i=1}^{N} |f(d_i) - f(c_i)|$$

$$\leqslant 2\epsilon(b - a) \to 0.$$

所以

$$f(b) = f(a).$$

在以上论证中, 用任何小区间 $[a, t]$ 代替 $[a, b]$, 我们有

$$f(t) = f(a), \quad \forall t \in (a, b].$$

证毕.

注意, 对于 Cantor-Lebesgue 函数 $F: [0, 1] \to [0, 1]$, $F'(x) = 0$, 所以这个结论对一般的有界变差函数不一定成立.

对我们来说, 重要的是下面的结论.

定理 14.8 对区间 $[a, b]$ 上的绝对连续函数 f, 它是几乎处处可微的, 而且它的导数 $f'(x)$ 是可积函数并满足

$$\int_a^x f'(t)dt = f(x) - f(a).$$

证明　由于 $f'(x)$ 是可积函数, 我们令

$$h(x) = \int_a^x f'(t)dt, \quad G(x) = h(x) - f(x).$$

根据 Lebesgue 可微定理,

$$h'(x) = f'(x)$$

几乎处处成立. 也就是说, $G'(x) = 0$ 几乎处处成立. 所以,

$$G(x) = G(a) = -f(a),$$

$$f(x) - f(a) = h(x) = \int_a^x f'(t)dt.$$

证毕.

练习题

1. 对于有界变差函数 $f\colon [a,b] \to R$, 验证:

$$\int_a^b |f'(t)|dt \leqslant T_f(a,b).$$

2. 对于有界变差函数 $f\colon [a,b] \to [a,b]$, 验证它把零测度集合映成零测度集合.

15 可求长度曲线和可求长度集合

本节由两个部分构成: 可求长度曲线和可求长度集合. 这些都是几何测度论中的重要内容, 我们关心的是它们的长度或质量和积分表示.

15.1 可求长度曲线

对于平面上的一条曲线如何求长度问题, Euler 给出的办法是用折线来逼近. 如果这个曲线是光滑的, 自然可以用中值定理把折线长度求和变成 Riemann 和, 然后通过取极限来得到长度的积分表示.

比如, 对于光滑曲线 $Z\colon [a,b] \to R^n$ 和对应的分割

$$a = t_0 < t_1 < \cdots < t_N = b,$$

$$\sum_i |Z(t_i) - Z(t_{i-1})| = \sum_i |Z'(\xi_i)|\Delta t_i, \quad \Delta t_i = t_i - t_{i-1},$$

这里 $\xi_i \in [t_{i-1}, t_i]$.

通过取极限, 我们可以知道曲线在定义区间上的长度就是

$$L(Z) = \int_a^b |Z'(t)|dt.$$

显然这个办法是最自然的办法之一. 但是, 这个方法如何可以推广到一般的连续曲线呢? 这自然是一个很大的问题. 比如按照这个办法, 有些曲线在任何小区间的 Peano 曲线的长度都是无穷大. 我们在这一节将介绍有界变差函数和绝对连续函数, 对这些函数做分量的曲线, 我们用这个办法来发展求曲线长度的理论.

我们关心的问题是什么时候一个可求长度曲线 $X(t) \in R^n$ ($t \in [a,b]$) 的长度可以写成

$$L = \int_a^b |X'(t)| dt.$$

回忆

$$X(t) = (x_1(t), \cdots, x_n(t))$$

和

$$|X'(t)| = \sqrt{\sum |x_i'(t)|^2},$$

我们有如下的结论.

定理 15.1   对于绝对连续的曲线 $X(t) \in R^n$, $a \leqslant t \leqslant b$, 它的长度可以写成

$$L = \int_a^b |X'(t)| dt.$$

这个定理的证明比较长但也很有意思. 实际上定理的证明等价于如下断言:

$$T_X(I) = \int_a^b |X'(t)| dt.$$

证明   我们把证明分成两个步骤来完成.

第一步: 对于区间 I 给定的分割

$$\triangle : a = t_0 < t_1 < \cdots < t_N = b, \quad I = \bigcup I_i, \quad I_i = [t_{i-1}, t_i],$$

我们有

$$\sum |X(t_i) - X_{t_{i-1}}| = \sum \left| \int_{t_{i-1}}^{t_i} X'(t) dt \right|$$

$$\leqslant \sum \int_{t_{i-1}}^{t_i} |X'(t)| dt$$

$$= \int_a^b |X'(t)|dt.$$

于是,

$$T_X(I) \leqslant \int_a^b |X'(t)|dt.$$

第二步: 根据可积性, 我们可以写

$$X'(t) = f + h,$$

这里 f 是区间 I 上的简单函数, 即对某个分割

$$I = \bigcup I_i, \quad I_i = [t_{i-1}, t_i]$$

和一组常向量 c_i,

$$f(t) = c_i, \quad t \in I_i,$$

而函数 h 满足

$$\int_a^b |h(t)|dt < \epsilon.$$

定义

$$F(x) = \int_a^x f(t)dt, \quad H(x) = \int_a^x h(t)dt.$$

注意

$$T_H(I) < \epsilon$$

和

$$X(t) = F(t) + H(t).$$

于是,

$$T_X(I) \geqslant T_F(I) - T_H(I)$$

$$\geqslant T_F(I) - \epsilon.$$

这里,

$$T_F(I) \geqslant \sum |F(t_i) - F_{t_{i-1}}|$$

$$= \sum \left| \int_{t_{i-1}}^{t_i} f(t)dt \right|$$

$$= \sum \int_{t_{i-1}}^{t_i} |f(t)| dt$$

$$= \int_a^b |f(t)| dt.$$

所以,

$$T_X(I) \geqslant \int_a^b |f(t)| dt - \epsilon.$$

由于

$$\int_a^b |f(t)| dt \geqslant \int_a^b (|X'(t)| - |h|) dt$$

$$\geqslant \int_a^b |X'(t)| dt - \epsilon,$$

所以

$$T_X(I) \geqslant \int_a^b |X'(t)| dt - 2\epsilon.$$

这样就证明了上面的断言, 自然也就证明了定理 15.1.

证毕.

注记   所以一个问题的解答往往与处理的手法有很大关系.

作业题

对于一对一的 C^1 连续的曲线 $X: [a,b] \to R^n$, 证明它的长度可以写成

$$L = H^1(X[a,b]).$$

对于可求长度曲线 $X(t)$, $a \leqslant t \leqslant b$, 我们可以用它的弧长参数 $s = s(t)$, $0 \leqslant s \leqslant L$, $t = t(s)$ 来作自变量. 我们常称弧长参数为自然参数, 在这个自然参数下, 曲线函数 $X(s)$ 是 Lipschitz 的, $|X(s_1) - X(s_2)| \leqslant |s_2 - s_1|$. 所以在这个参数下, 曲线函数就是绝对连续的. 因此, 我们有下面的结论.

定理 15.2   对于可求长度曲线 $X(t)$, $a \leqslant t \leqslant b$, 引入自然参数 $s \in [0, L]$, 那么,

$$L(X|_{[0,s]}) = \int_0^s |X'(s)|ds = s,$$

而且

$$|X'(s)| = 1, \quad s \in [0, L]$$

几乎处处成立.

在这个结果中, 取曲线的弧长参数作变量对研究有关长度的运算是重要的.

作业题

1. 对于连续函数 $f: [a, b] \to R$, 假设它的导数 $f'(x)$ 几乎处处存在而且是可积的, 验证:

(1) f 是绝对连续函数;

(2) 下面的公式成立:

$$\int_a^b f'(t)dt = f(b) - f(a).$$

2. 对于绝对连续函数 $f: [a, b] \to R$, 假设它的导数

$$|f'(x)| \leqslant M < \infty$$

几乎处处成立, 验证 f 是 Lipschitz 连续函数.

回忆 Fourier 级数的性质如下: 对于一个连续周期函数, 它的 Fourier 级数在 L^2 意义下收敛到函数本身; 实际上, 更一般地, 对于一个 L^2 可积的周期函数, 它的 Fourier 级数在 L^2 意义下收敛到函数本身. 这个结果在 Hilbert 空间的意义下看是非常清楚的.

作为应用, 我们考虑平面上的等周不等式定理, 这个等周不等式是研究平面曲线流问题的基本工具. 我们给的这个定理的证明属于 (Hurwitz, 1901).

等周不等式定理 对于平面上的长度为 L 的可求长度的简单闭曲线 $\Gamma: X(t)$, $0 \leqslant t \leqslant L$, 记 A 为这个曲线包含的区域的面积, 那么,

$$4\pi A \leqslant L^2.$$

等号成立的充要条件是 Γ 是圆周.

证明 不失一般性, 我们假设 $L = 2\pi$.

对 Γ 引入自然参数 $s \in [0, L]$, 那么,

$$X(s) = (x(s),\ y(s)) \in R^2,$$

$$s \in [0, 2\pi],\ X(0) = X(2\pi),$$

$$x'(s)^2 + y'(s)^2 = 1,$$

对应的长度为

$$\int_0^{2\pi} (x'(s)^2 + y'(s)^2) ds = 2\pi. \tag{5}$$

写 Γ 分量的 Fourier 级数如下,

$$x(s) \sim \sum a_n \exp(ins), \quad a_n = \bar{a}_{-n},$$

$$y(s) \sim \sum b_n \exp(ins), \quad b_n = \bar{b}_{-n},$$

根据 (5) 和关系

$$x'(s) \sim \sum ina_n \exp(ins),$$

$$y'(s) \sim \sum inb_n \exp(ins),$$

我们有

$$\sum |n|^2 (|a_n|^2 + |b_n|^2) = 1.$$

另外, 我们知道

$$A = \frac{1}{2} \left| \int_0^{2\pi} (xy' - yx') ds \right| = \pi \left| \sum n(a_n \bar{b}_n - b_n \bar{a}_n) \right|.$$

由 Cauchy-Schwarz 不等式知道

$$|a_n \bar{b}_n - b_n \bar{a}_n| \leqslant 2|a_n||b_n| \leqslant |a_n|^2 + |b_n|^2,$$

于是

$$A \leqslant \pi \sum |n|(|a_n|^2 + |b_n|^2)$$

$$\leqslant \pi \sum |n|^2 (|a_n|^2 + |b_n|^2)$$

$$= \pi = L^2/(4\pi).$$

对于等号情况, 即 $A = \pi$,

$$a_n = 0, \quad b_n = 0, \quad \forall |n| \geqslant 2.$$

即

$$x(s) = a_{-1}e^{-is} + a_0 + a_1 e^{is},$$
$$y(s) = b_{-1}e^{-is} + b_0 + b_1 e^{is}.$$

因为 $a_{-1} = \bar{a}_1, b_{-1} = \bar{b}_1$,

$$x'(s) \sim -ia_{-1}e^{-is} + ia_1 e^{is},$$
$$y'(s) \sim -ib_{-1}e^{-is} + ib_1 e^{is},$$

由 (5) 知, $|a_1| = |b_1|$,

$$2|a_1|^2 + 2|b_1|^2 = |a_{-1}|^2 + |b_{-1}|^2 + |a_1|^2 + |b_1|^2 = 1.$$

写

$$a_1 = \frac{1}{2}\exp(i\theta), \quad b_1 = \frac{1}{2}\exp(i\sigma),$$

根据

$$1 = 2|a_1\bar{b}_1 - b_1\bar{a}_1|$$

知道

$$|\sin(\theta - \sigma)| = 1.$$

即有

$$\theta - \sigma = m\pi + \frac{\pi}{2}.$$

所以

$$x(s) = a_0 + \cos(\theta + s),$$
$$y(s) = b_0 \pm \sin(\theta + s).$$

记 $p_0 = (a_0, b_0)$, 那么

$$|X(s) - p_0| = 1.$$

即证.

注记 我们这里简单介绍一下平面上的曲线流问题. 给定一个光滑的曲线 $X(u) = (x(u), y(u))$, $u \in I = [0, 1]$. 引入 $v = |X'(u)|$ 和弧长参数 $ds = vdu$. 曲线的长度是

$$L(\gamma) = \int_I ds = \int_I |X'(u)|du.$$

考虑这个长度泛函的一阶变分. 取 $Z \in C_0^1(I, r^2)$,

$$\frac{d}{dt}L(X + tZ)|_{t=0} = \int_0^1 \frac{\langle X_u, Z_u \rangle}{|X'(u)|}du = \int_0^1 \langle T, Z_u \rangle du.$$

分部积分有

$$\frac{d}{dt}L(X + tZ)|_{t=0} = -\int_0^1 \langle T_u, Z \rangle du = -\int_0^1 \langle v^{-1}T_u, Z \rangle dv.$$

定义曲线的平均曲率向量为 $\overline{H} = v^{-1}T_u = v^{-1}[v^{-1}X_u]_u$.

现在给出一族平面曲线 $X(t, u)$, 如果满足

$$(X_t)^\perp = v^{-1}[v^{-1}X_u]_u = X_{ss},$$

我们就称这族曲线是曲线收缩流 (curve-shortening flow). 这个方面的主要研究成果包含在 Gage-Hamilton (1986, JDG), Grayson (1989, Ann.), Angenent (1991, Ann.) 的文章里. 对应的高维空间也有这种曲线流, 主要进展包含在 Altschuler (1991, JDG), G. Perelman (2003, Arxiv.), 马力和陈德重 (2007, Annali) 的文章里. 这里的 G. Perelman 就是解决庞加莱猜想的俄罗斯数学家, 使用曲线流是他解决这个猜想的重要组成部分. 潘生亮、王小六、程亮、朱安强、周恒宇等在曲线流方向都有有意义的贡献. 由于高余维的几何流是很困难的数学问题, 这个方向的进展比较缓慢. 曲线流虽然看似简单, 但对这个流的研究基本上涵盖了几何流研究的所有工具, 而且还由此产生了一些基本的几何分析工具, 比如两点函数的极值原理方法等.

15.2 高维的可求长度集合

给定一个集合 $A \subset R^n$, 我们说 $f: A \to R^k$ 是 Lipschitz 映射是指存在一个正数 $L > 0$ 使得

$$|f(x) - f(y)| \leqslant L|x - y|, \ x, y \in A.$$

常记 $L = \mathrm{Lip}(f)$.

一个简单的结论是

命题 15.3 给定一个集合 A 和 Lipschitz 映射 $f: A \to R^k$, 那么存在它的一个 Lipschitz 映射延拓

$$\tilde{f}: R^n \to R^k, \quad \mathrm{Lip}(\tilde{f}) = \mathrm{Lip}(f), \quad \tilde{f}|_A = f.$$

证明 不失一般性, 可以设 $k = 1$, 不然就对每个分量分别做. 定义

$$\tilde{f}(x) = \inf_{z \in A} f(z) + \mathrm{Lip}(f)|x - z|.$$

于是, $\forall \epsilon > 0, \forall x, y \in R^n$, 取 $z_x \in A, z_y \in A$,

$$\tilde{f}(x) \geqslant f(z_x) + \mathrm{Lip}(f)|x - z_x| - \epsilon,$$

$$\tilde{f}(y) \geqslant f(z_y) + \mathrm{Lip}(f)|x - z_y| - \epsilon.$$

所以,

$$\begin{aligned}
\tilde{f}(x) - \tilde{f}(y) &\leqslant \tilde{f}(x) - (f(z_y) + \mathrm{Lip}(f)|y - z_y|) + \epsilon \\
&\leqslant (f(z_y) + \mathrm{Lip}(f)|x - z_y|) - (f(z_y) + \mathrm{Lip}(f)|y - z_y|) + \epsilon \\
&= \mathrm{Lip}(f)(|x - z_y| - |y - z_y|) + \epsilon \\
&\leqslant \mathrm{Lip}(f)|x - y| + \epsilon.
\end{aligned}$$

令 $\epsilon \to 0$,

$$\tilde{f}(x) - \tilde{f}(y) \leqslant \mathrm{Lip}(f)|x - y|.$$

同理,

$$\tilde{f}(y) - \tilde{f}(x) \leqslant \mathrm{Lip}(f)|x - y|.$$

证毕.

现在我们来谈谈高维的可求长度集合, 这个概念在几何测度论这门高深的学问里是很有用的.

要定义高维的可求长度集合, 我们需要下面这个著名结论 (Rademacher 定理) 做支撑.

定理 15.4   给定一个 Lipschitz 映射 $f\colon R^n \to R$, 那么 f 对几乎所有的点 $x \in R^n$ 是可微的; 也就是说, 存在 $\nabla f(x) \in R^n$, 使得对几乎所有的点 $x \in R^n$,

$$\lim_{v \to 0} \frac{f(x+v) - f(x) - \nabla f(x) \cdot v}{|v|} = 0.$$

注记   这个定理的证明是复杂的, 我们这里略去.

有了这个准备, 我们可以给出高维的可求长度集合的定义如下.

定义 15.5   一个集合 $M \subset R^n$ 是 k 可求长度集合是指 $M = M_0 \bigcup M_1$, 这里 $H^k(M_0) = 0$, 而 $M_1 = F(R^k)$, $F\colon R^n \to R^n$ 是 Lipschitz 映射. 这里 $R^n = R^k \bigoplus R^{n-k}$.

定义 15.6   一个集合 $M \subset R^n$ 是可数 k 可求长度集合是指 $M = \bigcup_{i \geqslant 0} M_i$, 这里 $H^k(M_0) = 0$, 而对每个 $i \geqslant 1$, $M_i = F_i(R^k)$ 是 k 维 Hausdorff 集合, 这里 $F_i\colon R^n \to R^n$ 是 Lipschitz 映射.

这种集合的重要之处是在几乎所有的点上, 都有唯一的一个切空间. 对于这么一种集合, 如果给它配上一个正的局部 H^k 可积函数 θ, 我们就称它对应的等价类是一个 k 可求长度多重流层 (varifold) $V = v(M, \theta)$. 在这个多重流层上, 自然可以定义一个 Radon 测度

$$\mu_V = H^k \llcorner \theta, \ \theta = 0, \ 在 \ R^n \backslash M \ 上,$$

即对于任何 H^k 可测集合 A, 有

$$\mu_V(A) = \int_{A \bigcap M} \theta \, dK^k.$$

它的质量 (mass) 定义为

$$\mathbb{M}(V) = \mu_V(R^n) = \int_M \theta \, dH^k.$$

把这个质量看成这种可求长度多重流空间上的泛函, 那么它的临界点正好对应到微分几何中的极小子流形. 这样的临界点有很多光滑性, 比如 Allard 正则性定理.

关于这些集合的性质, 我们这里不做深入解释, 推荐读者去读几

何测度论的著作来了解这个方向. 几何测度论是一门有意思的学问.

还有一些重要的集合和结论比如 Besicovitch 集合和可求长度集合的几何结构, 我们这里也不介绍了, 读者可以去看几何测度论的书 (比如 [6, 7]) 来学习.

练习题

对于平面上的等周不等式, 证明只有在圆周时, 等周不等式的等号可以达到.

15.3　高维有界变差函数

我们这里简单介绍一下高维的有界变差函数的概念和一些结果. 这些内容在几何测度论书里可以找到.

定义 15.7　(1) 对于 R^n 中的区域 Ω, $f \in L^1(\Omega)$, 定义

$$\int_\Omega |Df| = \sup\{\int_\Omega f\,\mathrm{div}(g)dx;\ g \in C^1_c(\Omega, R^n),\ |g(x)| \leqslant 1\},$$

这里,

$$g = (g_1, \cdots, g_n), \quad \mathrm{div}(g) = \sum_i \partial g_i/\partial x_i.$$

我们把 $\int_\Omega |Df|$ 称之为函数 f 的全变差.

(2) 如果 $f \in L^1(\Omega)$ 满足 $\int_\Omega |Df| < \infty$, 就称 $f \in L^1(\Omega)$ 为有界变差函数. 记

$$BV(\Omega) = \{f \in L^1(\Omega);\ \int_\Omega |Df| < \infty\}$$

和

$$|f|_{BV} = |f|_{L^1(\Omega)} + \int_\Omega |Df|.$$

注　如果 $f \in C^1(\overline{\Omega})$, 根据分部积分我们有

$$\int_\Omega f\,\mathrm{div}(g)dx = -\int \nabla f \cdot g\,dx \leqslant \int |\nabla f|dx.$$

所以,

$$\sup\{\int_\Omega f\,\mathrm{div}(g)dx;\ g\in C^1_c(\Omega,R^n),\ |g(x)|\leqslant 1\}=\int_\Omega |\nabla f|dx.$$

即 $|Df|=|\nabla f|(x)dx$. 这样, 我们可以看出 $C^1(\overline{\Omega})\subset BV(\Omega)$.

定义 15.8 (1) 假设 $E\subset R^n$ 为 Borel 集合, 定义 E 在 Ω 中的周长为

$$P(E,\Omega)=\int_\Omega |D\chi_E|,\quad P(E)=P(E,R^n).$$

(2) 假设对任何有界开集 Ω, $P(E,\Omega)<\infty$, 我们称 E 是有限周长集合或 Caccioppoli 集合.

定理 15.9 (1) $BV(\Omega)$ 是 Banach 空间.

(2) 假如序列 $\{f_k\}\subset BV(\Omega)$ 在 $L^1_{\mathrm{loc}}(\Omega)$ 中收敛到函数 f, 那么

$$\int_\Omega |Df|\leqslant \underline{\lim}_{k\to\infty}\int_\Omega |Df_k|.$$

(3) (紧性) 假如 $\Omega\subset R^n$ 是一个有界开集而且存在一个正数 c 使得

$$c\int_\Omega |u|dx\leqslant \int_\Omega |Du|,\ \forall u\in BV(\Omega):\int_\Omega u=0$$

成立, 那么 $BV(\Omega)$ 中的任何有界序列在 $L^1(\Omega)$ 中是紧的.

利用这个定理, 可以建立极小全变差泛函的极小曲面的存在性. 比如, 对应于经典的 **Plateau** 问题: 给定空间 R^3 中的简单闭曲线 Γ, 是否存在一个面积极小的以 Γ 为边界的曲面. 我们问: 给定一个有界区域 $\Omega\subset R^n$ 和一个 Caccioppoli 集合 P, 是否存在一个极小集合 $M\subset R^n$ 使得在 Ω 外面有 $M=P$, 并且

$$\int_\Omega |D\chi_M|=\inf\{\int_\Omega |D\chi_N|;\ N\subset R^n;\ N|_{\Omega^c}=P\}.$$

答案是肯定的, 我们有下面 De Giorgi 的结果.

定理 15.10 给定一个有界区域 $\Omega\subset R^n$ 和一个 Caccioppoli 集合 P, 那么存在一个全变差极小集合 M: $M=P$ (在 Ω^c 上) 使得

$$\int_\Omega |D\chi_M|\leqslant \int_\Omega |D\chi_N|,\quad \forall N\subset R^n:N|_{\Omega^c}=P.$$

对这个问题, 困难的是建立极小集合 M 的光滑性质. De Giorgi 证明了这种极小集合 M 是 $n - 1$ 可数可求长的. 一般地, 我们可以提这么一个问题: 给定一个带有紧支撑的 Borel 测度 μ, 一个包含于紧支撑集合且内部有界的区域 Ω, 以及一个包含于紧支撑集合内部的集合 P, 是否存在一个测度极小的集合 M, 使得

$$\mu(M) = \inf\{\mu(N);\ N|_{\Omega^c} = P\}.$$

记

$$BV_{\mathrm{loc}}(\Omega) = \{f \in L^1_{\mathrm{loc}}(\Omega);\ f \in BV(K),\ \forall K \subset\subset \Omega\}.$$

定理 15.11　假设 $f \in BV_{\mathrm{loc}}(\Omega)$, 那么存在 Ω 上的 Radon 测度 μ 和 $\mu := \mu_{\Omega}$-可测函数 $\nu: \Omega \to R^n$: $|\nu(x)| = 1$, a.e., 使得对任何

$$g: \Omega \to R^n,\ g \in C^1_0$$

有

$$\int_{\Omega} f \operatorname{div}(g) dx = - \int_{\Omega} g \cdot \nu d\mu.$$

证明　先定义

$$L(g) = - \int_{\Omega} f \operatorname{div}(g) dx, \quad \forall g \in C^1_0(\Omega; R^n).$$

任取 $U \subset\subset \Omega$, 根据 $f \in BV_{\mathrm{loc}}(\Omega)$, 那么存在 $C(U) > 0$,

$$\sup\{L(g);\ g \in C^1_0(U; R^n),\ |g| \leqslant 1\} \leqslant C(U).$$

即

$$|L(g)| \leqslant C(U)|g|, \quad \forall g \in C^1_0(U;\ R^n).$$

现在, 对于 $g \in C_0(U;\ R^n)$, 我们取 $g_i \in C^1_0(U;\ R^n)$: $g_i \to g$ 一致收敛. 定义

$$L(g) = \lim L(g_i),$$

于是有

$$|L(g)| \leqslant C(U)|g|, \quad \forall g \in C_0(U;\ R^n).$$

这样我们就定义了线性映射 $L: C_0(\Omega;\ R^n) \to R$ 使得

$$\sup\{L(g);\ g \in C_0(\Omega; R^n),\ |g| \leqslant 1,\ \mathrm{supp}(g) \subset U \subset\subset \Omega\} < \infty.$$

根据 Riesz 表示定理, 我们有一个 Ω 上的 Radon 测度 μ 和 μ-可测函数 $\nu \colon \Omega \to R^n \colon |\nu(x)| = 1$, a.e., 使得对任何 $g \in C_0(\Omega;\ R^n)$,

$$L(g) = \int_\Omega g \cdot \nu d\mu.$$

证毕.

我们常记 $\mu = |Df|$, $Df = |Df|\nu$. 对 E 是有限周长集合, 记 $\mu = |\partial E|$, 这样,

$$\int_E \mathrm{div}(g) = -\int_\Omega g\nu_E d|\partial E|.$$

现在我们简单介绍一下光滑化过程. 对光滑函数

$$\phi = \phi(|x|) \in C_c^\infty(R^n),\ \ \phi(|x|) \geqslant 0,\ \ \mathrm{supp}(\phi) \subset B_1(0),\ \int_{R^n} \phi dx = 1,$$

定义

$$\phi_\epsilon(x) = \epsilon^{-n}\phi(x/\epsilon),\ \ \epsilon > 0.$$

直接可以验证

$$\int_{R^n} \phi_\epsilon(x)dx = 1.$$

对 $u \in L^1_{\mathrm{loc}}(U)$, 定义

$$U_\epsilon = \{x \in U;\ d(x, \partial U) > \epsilon\},$$

$$\check{u}(x) = u(x),\ x \in U_\epsilon;$$

$$\check{u}(x) = 0,\ x \in U_\epsilon^c$$

和

$$u_\epsilon(x) = \check{u} * \phi_\epsilon(x) = \int_{R^n} \check{u}(x-z)\phi_\epsilon(z)dz.$$

15.4   连续函数的稠密性

在这里我们回忆实变函数理论中的一个重要结论. 即

稠密引理   连续函数类在 $L^1_{\mathrm{loc}}(U)$ 里是稠密的.

证明 事实上, 根据定义, 我们知道简单函数类在 $L^1_{\mathrm{loc}}(U)$ 里是稠密的. 所以我们只需要证明简单函数可以被连续函数在 L^1 范数下逼近即可. 由于简单函数是有限个示性函数的线性组合, 所以我们只需要对示性函数来证明; 根据示性函数是一些一维的示性函数的乘积, 所以我们只需对一维的问题来证明即可. 这样, 我们可以设

$$u(x) = \chi_{[a,b]},$$

对于这样的函数, 设 $\tau > 0$, 我们定义

$$f_\tau(x) = u(x), \ \ x \in [a,b],$$

在 $[a-\tau, a]$ 上, $f_\tau(x) = \dfrac{x-a+\tau}{\tau}$; 在 $[b, b+\tau]$ 上, $f_\tau(x) = \dfrac{x-b-\tau}{\tau}$; 其他地方为零. 于是,

$$|u(x) - f_\tau(x)|_{L^1(R)} < 2\tau \to 0.$$

证毕.

作业题

证明: 对 $u \in BV_{\mathrm{loc}}(U)$, 我们有

$$\lim_{\epsilon \to 0} |u_\epsilon - u|_{L^1(U_\delta)} = 0, \quad \forall \delta > 0,$$

而且对任何 $0 \leqslant h \in C_c(U)$,

$$\lim_{\epsilon \to 0} \int_U h(|Du_\epsilon| - |Du|) = 0.$$

提示: 对 $h \geqslant 0$,

$$\int_U h|Du_\epsilon| = \sup\{\int_U g \cdot \nabla u_\epsilon dx; \ |g| \leqslant h, \ g \in C^1(U, R^n)\}.$$

16   有界凸集合边界的测度

利用一个自然定义的投影映射, 我们可以估计有界凸集合边界的测度. 这个结论是周知的. 给定一个闭凸集 $D \subset R^n$, 我们定义它的投影映射为

$$\pi_D \colon R^n \to D, \ \pi_D(x) \in D,$$

这里,

$$d(x, \ \pi_D(x)) = \min_{y \in D} |x - y|.$$

我们简记 $\pi = \pi_D$. 注意, 这样定义的 $d(x, \pi(x)) < \infty$. 对于这个极小化问题, 我们可以取一个极小化序列 $\{y_i\} \subset D$:

$$|x - y_i| \to d(x, \ \pi(x)) := d.$$

于是, $|y_i| \leqslant |x| + d$. 所以我们可以取一个收敛子列, 其极限记为 $\pi(x)$, 而子序列仍记为原序列,

$$y_i \to \pi(x), \quad i \to \infty.$$

因为 D 是闭的, 所以 $\pi(x) \in D$. 为了这个映射是良好定义的, 我们必须要验证这个投影点是唯一的. 事实上, 我们有凸性不等式

$$\left| x - \frac{z_1 + z_2}{2} \right|^2 \leqslant \frac{1}{2}(|x - z_1|^2 + |x - z_2|^2), \ z_1, z_2 \in D,$$

且等号成立的条件是 $z_1 = z_2$. 事实上, 这个可以由下面的恒等式得到:

$$\left|\frac{z_1 - z_2}{2}\right|^2 + \left|x - \frac{z_1 + z_2}{2}\right|^2 = \frac{1}{2}(|x - z_1|^2 + |x - z_2|^2).$$

这样, 如果上面的极小化问题有两个解 $z_1 \in D, z_2 \in D$, 那么 $\frac{z_1 + z_2}{2} \in D$,

$$d^2 \leqslant |x - \frac{z_1 + z_2}{2}|^2 \leqslant d^2.$$

所以 $z_1 = z_2$. 所以投影映射 π 是良好定义的.

定理 16.1　给定一个开凸集 $A \subset R^n$. 定义 $\pi : R^n \to \overline{A}$ 同上, 那么投影映射 π 是 1-Lipschitz 的.

证明　记 $D = \overline{A}$. 对 $x \in R^n$, 取 $y \in D$, 引入

$$y_t := (1-t)\pi(x) + ty, \ t \in [0,1].$$

考虑函数

$$f(t) = |x - y_t|^2 \geqslant f(0).$$

于是

$$f'(0) = \lim_{t \to 0+} \frac{f(t) - f(0)}{t} \geqslant 0.$$

注意,

$$f(0) = -2\langle x - \pi(x), \ y - \pi(x)\rangle,$$

立即有

$$0 \leqslant \langle x - \pi(x), \ \pi(x) - y\rangle.$$

这意味着

$$0 \leqslant \langle x - \pi(x), \ \pi(x) - y\rangle, \quad \forall y \in D.$$

任取 $z \in R^n$, 令 $y = \pi(z) \in D$, 我们有

$$0 \leqslant \langle x - \pi(x), \ \pi(x) - \pi(z)\rangle.$$

改写之,

$$\langle \pi(x), \ \pi(x) - \pi(z)\rangle \leqslant \langle x, \ \pi(x) - \pi(z)\rangle. \tag{6}$$

同理, 我们有

$$0 \leqslant \langle z - \pi(z), \ \pi(z) - \pi(x) \rangle.$$

也就是有

$$\langle \pi(z), \ \pi(z) - \pi(x) \rangle \leqslant -\langle z, \ \pi(x) - \pi(z) \rangle. \tag{7}$$

把这两个不等式(6)(7)相加就有

$$|\pi(x) - \pi(z)|^2 \leqslant \langle x - z, \ \pi(x) - \pi(z) \rangle$$
$$\leqslant |x - z| |\pi(x) - \pi(z)|.$$

因此,

$$|\pi(x) - \pi(z)| \leqslant |x - z|, \ \ \forall z, x \in R^n.$$

证毕.

现在可以陈述我们希望得到的结论.

命题 16.2   给定一个有界的开凸集 $A \subset B_R(0) \subset R^n$. 那么,

$$H^{n-1}(\partial A) \leqslant R^{n-1} H^{n-1}(\partial B_1(0)), \quad \dim_H(\partial A) = n - 1.$$

证明   注意投影映射 $\pi : R^n \to \overline{A}$ 是 1-Lipschitz 的、满的, 而且

$$\pi(\partial B_R(0)) = \partial A.$$

根据 Hausdorff 测度的性质知道,

$$H^{n-1}(\partial A) \leqslant H^{n-1}(\partial B_R(0)).$$

根据

$$H^{n-1}(\partial B_R(0)) = R^{n-1} H^{n-1}(\partial B_1(0)),$$

我们就得到所要的一部分结论.

要得到 $H^{n-1}(\partial A)$ 的下界估计, 需要取这个开凸集一个内部的球 B, 这样,

$$\pi_B : R^n \to \overline{B},$$

是 1-Lipschitz 的、满的, 而且

$$\pi_B(\partial A) = \partial B.$$

于是,

$$H^{n-1}(\partial B) \leqslant H^{n-1}(\partial A).$$

所以有 $\dim_H(\partial A) = n - 1$.

证毕.

注记 1. 用以上论证, 我们可以给出有界开星形集合边界的 $n-1$ 维 Hausdorff 测度的下界. 这里我们就要用到一个事实: 这个开星形集合内部包含一个球, 利用关于这个球的投影映射就可以了. 通常把 R^n 中具有内点的凸集合称作 n 维的凸集合.

2. 假设凸集合的边界上有一部分光滑度, 我们可以研究它的边界的弯曲程度, 比如它的 Gauss 曲率. 一般来说, 我们需要考察关于这个有界闭凸集 D 的函数

$$H(x) = |x|h_D\left(\frac{x}{|x|}\right), \ x \in R^n,$$

这里,

$$h_D(y) = \max_{z \in D}\langle y, \ z\rangle, \ y \in S^{n-1}$$

是有界闭凸集 D 的支撑 (support) 函数.

由于我们的主题篇幅所限, 这里就不再细致地说明了, 建议大家去读文献.

作业题

给定椭球

$$E_r = \{z \in R^n;\ |Az| \leqslant r\},\ r > 0,\ A \in M_{n\times n},\ \det(A) \neq 0,$$

计算 $H^{n-1}(\partial E_r)$.

17 Brouwer 定理

本节我们介绍在数学上非常出名也非常有用的 Brouwer 不动点定理. 我们先来做一点代数和分析上的准备.

17.1 光滑函数行列式的零散度性质

在下面的发展中, 我们要用到一个基本的性质, 即光滑函数行列式的零散度性质.

给定 $n \times n$ 矩阵 $A = (a_{ij})$, 记 A^T, A^c 分别为其转置矩阵和代数余子式矩阵. 根据矩阵理论, 我们知道

$$\det(A)I = A^T A^c,$$

用分量写, 即有

$$\det(A)\delta_{ij} = a_{ki}(A^c)_{kj}. \tag{8}$$

利用这个关系, 我们有

$$\frac{\partial \det(A)}{\partial a_{kj}} = (A^c)_{kj}. \tag{9}$$

我们有下面的光滑函数行列式的零散度性质.

引理 17.1 对于区域 $\Omega \subset R^n$ 上的光滑函数 $U: \Omega \to R^n$, $U = (U_1, \cdots, U_n)$, 我们有

$$\sum_j \frac{\partial (DU^c)_{ji}}{\partial x_j} = 0, \quad i = 1, 2, \cdots, n.$$

证明   令 $A = (DU) = (\partial_i U_j)$. 于是我们有 $a_{ji} = \partial_i U_j$. 注意

$$\det(DU)\delta_{ij} = a_{ki}(DU^c)_{kj}, \quad i = 1, \cdots, n.$$

两边对 x_j 求导, 我们有

$$\partial_j(\det(DU))\delta_{ij} = \sum_k \partial_j a_{ki} \cdot (DU^c)_{kj} + \sum_k a_{ki} \cdot \partial_j(DU^c)_{kj}.$$

注意,

$$\partial_j(\det(DU)) = \sum_{m,k} \frac{\partial \det(DU)}{\partial a_{mk}} \partial_j a_{mk} = \sum_{m,k}(DU^c)_{mk}\partial_j a_{mk}.$$

于是, 对每个 $i = 1, 2, \cdots, n$,

$$\sum_{m,k}(DU^c)_{mk}\partial_j a_{mk}\delta_{ij} = \sum_k \partial_j a_{ki} \cdot (DU^c)_{kj} + \sum_k a_{ki} \cdot \partial_j(DU^c)_{kj}.$$

注意 $\partial_j a_{mk} = \partial_j \partial_k U_m = \partial_k a_{mj}$, 所以对 j 求和得

$$\sum_j \sum_{m,k}(DU^c)_{mk}\partial_j a_{mk}\delta_{ij} = \sum_{m,k}(DU^c)_{mk}\partial_i a_{mk}$$
$$= \sum_m \sum_k \partial_k a_{mi} \cdot (DU^c)_{mk},$$

于是,

$$\sum_j \sum_k a_{ki} \cdot \partial_j(DU^c)_{kj} = 0, \quad i = 1, \cdots, n.$$

如果 $DU(x)$ 可逆, 那么

$$\sum_j \partial_j(DU^c)_{kj} = 0, \quad i = 1, \cdots, n.$$

如果 $DU(x)$ 不可逆, 那么我们取 $DU(x) + 2\epsilon I$ 可逆并代替上面的 $DU(x)$, 再令 $\epsilon \to 0$. 我们仍然可以得到所要结果. 证毕.

17.2 零化 Lagrange 泛函

这个结论有下面的一个有意思的应用.

引理 17.2 对 $U \in C^2(\overline{\Omega}, R^n)$, 定义

$$I(U) = \int_\Omega \det(DU) dx.$$

如果有 $V \in C^2(\overline{\Omega}, R^n)$, $U = V$ 于边界 $\partial\Omega$, 那么

$$I(U) = I(V).$$

具有这种性质的泛函通常称之为零化 Lagrange 泛函.

证明 事实上, 对 $U_t = U + t(V - U)$, 令

$$M(t) = \int_\Omega \det(DU_t) dx.$$

那么,

$$M'(t) = \int_\Omega \frac{d}{dt} \det(DU_t) dx = \int_\Omega (DU_t)^c_{a_{ik}} \partial_i(V - U)_k dx,$$

分部积分之我们有

$$M'(t) = -\int_\Omega \partial_i(DU_t)^c_{a_{ik}}(V - U)_k dx = 0.$$

所以有

$$M(1) = M(0).$$

证毕.

17.3 连续函数的光滑函数逼近

下面我们引入一个逼近引理.

逼近引理 对于开区域 $\Omega \subset R^n$ 和连续函数 $u: \Omega \to R$, 对于紧集 $D \subset \Omega$, 存在 D 上的光滑函数列 $u_k(x)$ 在 D 上一致收敛到 u.

证明 记

$$\Omega_\epsilon = \{x \in \Omega; \ d(x, \partial\Omega) > \epsilon\}.$$

引入函数 $\eta \in C_0^\infty(R^n)$, 这里

$$\eta(x) = C\exp(\frac{1}{|x|^2-1}), \quad |x| \leqslant 1; \quad \eta(x) = 0, \quad |x| > 1.$$

其中的常数 C 使得

$$\int_{R^n} \eta(x)dx = 1.$$

对 $\epsilon > 0$, 定义

$$\eta_\epsilon(x) = \frac{1}{\epsilon^n}\eta(\frac{x}{\epsilon}).$$

于是 $\eta_\epsilon(x) = 0$ $(|x| > \epsilon)$. 一般地, 对于局部可积函数 $u\colon \Omega \to R$, 我们可以在 Ω_ϵ 上定义

$$u_\epsilon(x) = \eta_\epsilon * u(x) = \int_{R^n} \eta_\epsilon(x-y)u(y)dy.$$

特别地, 假设 $u \in C(\Omega)$, 于是 $u_\epsilon \in C^\infty(\Omega_\epsilon)$. 对于紧集 $D \subset \Omega$, $d(D, \partial\Omega) > \epsilon, u\colon D \to R$ 是一致连续的, 对于 $x \in D$,

$$|u_\epsilon(x) - u(x)| = \left|\int_{B_\epsilon(x)} \eta_\epsilon(x-y)(u(y)-u(x))dy\right|$$

$$\leqslant \int_{B_\epsilon(x)} \frac{1}{\epsilon^n}\eta\left(\frac{x-y}{\epsilon}\right)|u(y)-u(x)|dy$$

$$\leqslant \frac{1}{\epsilon^n}\int_{B_\epsilon(x)} |u(y)-u(x)|dy \to 0.$$

所以, u_ϵ 在 D 上一致收敛到 u. 证毕.

现在我们给出这个逼近引理的一个应用.

推论 17.3 对 $u \in L_{\text{loc}}^1(\Omega)$, 有

$$\lim_{\epsilon \to 0} |u_\epsilon - u|_{L^1(D)} = 0.$$

事实上, 对于 $D \subset D_\epsilon \subset D'$, 我们取一个连续函数 $w \in L^1(D')$ 使得 $|u-w|_{L^1(D')} < \delta$.

对 $x \in D$,

$$|u_\epsilon(x) - w_\epsilon(x)| = \left|\int_{B_\epsilon(x)} \eta_\epsilon(x-y)(u(y)-w(y))dy\right|$$

$$\leqslant \int_{B_\epsilon(x)} \frac{1}{\epsilon^n} \eta(\frac{x-y}{\epsilon})|u(y)-w(y)|dy$$

$$\leqslant \int_{B_1(0)} \eta(z)|u(x+\epsilon z)-w(x+\epsilon z)|dz,$$

$$|u_\epsilon - w_\epsilon|_{L^1(D)} \leqslant \int_{D'} |u(y)-w(y)|dy < \delta.$$

于是,

$$|u_\epsilon - u|_{L^1(D)} \leqslant |u_\epsilon - w_\epsilon|_{L^1(D)} + |w - w_\epsilon|_{L^1(D)} + |u - w|_{L^1(D)} \to 0.$$

所以, u_ϵ 在 $L^1(D)$ 上收敛到 u.

我们下面并不使用这个推论, 但这个结果是一个基本结论.

17.4 Brouwer 不动点定理之简单证明

有了这些准备, 我们现在来证明这个非常出名也非常有用的 Brouwer 不动点定理.

Brouwer 不动点定理 记 $B = \overline{B_1(0)} \subset R^n$ 为单位闭球. 给定一个连续映射 $U: B \to B$. 那么存在一个点 $x \in B$, 使得 $U(x) = x$, 即 $x \in B$ 是 U 的不动点.

证明 首先我们假设 U 在 B 上没有不动点. 我们现在定义一个映射 $w: B \to \partial B$ 使得在边界 ∂B 上有

$$w(x) = x, \quad \forall x \in \partial B.$$

我们定义这个 $w(x)$ 是从 $U(x)$ 开始出发连接到 x 的射线碰到 ∂B 的点, 所以在边界 ∂B 上有 $w(x) = x$. 根据定义, 我们知道可以把 $w(x)$ 表示为

$$w(x) = x + \lambda(x)v(x), \quad v(x) = (x - U(x))/|x - U(x)|, \quad \lambda(x) \geqslant 0.$$

由于

$$|w(x)|^2 = 1, \quad \text{i.e.,} \quad 1 = |x|^2 + 2\lambda(x)x \cdot v(x) + \lambda(x)^2,$$

我们可以解出

$$\lambda(x) = -x \cdot v(x) + \sqrt{(x \cdot v(x))^2 + 1 - |x|^2}.$$

根据这个表达式我们知道 $w(x)$ 是 B 上的连续函数. 对 $x \in B^c$, i.e., $|x| > 1$, 定义 $w(x) = x$, 我们把 $w(x)$ 就延拓到了全空间. 现在考虑这个映射的光滑化 $w_\epsilon(x)$. 对很小的 $\epsilon > 0$, 我们知道 w_ϵ 在 $B_2 := 2B$ 以外是恒等映射 I. 再定义

$$w_2(x) = 2w_\epsilon(x)/|w_\epsilon(x)| \in \partial B_2, \quad x \in B_2;$$

在边界 ∂B_2 上, $w_2(x) = x$. 这样, 根据上面的引理, 我们知道

$$\int_{B_2} \det(Dw_2)dx = \int_{B_2} \det(I)dx = |B_2|. \tag{10}$$

但是, 根据对 $|w_2(x)|^2 = 4$ 求导数我们有

$$(Dw_2(x))^T w_2(x) = 0.$$

也就是说, $Dw_2(x)$ 在 B_2 是退化矩阵, 所以在 B_2 上 $\det(Dw_2(x)) = 0$. 所以,

$$\int_{B_2} \det(Dw_2)dx = 0.$$

这与 (10) 矛盾.

证毕.

利用这个不动点定理, 我们可以证明下面更一般的不动点定理.

闭凸集合上的 Brouwer 不动点定理　记 $D \subset R^n$ 为闭凸集合. 给定一个连续映射 $F : D \to D$. 那么存在一个点 $x \in D$, 使得 $F(x) = x$, 即 $x \in D$ 是 F 的不动点.

证明　首先我们可以假设 D 是 R^n 中的闭凸区域, 不然我们就用包含 D 的最小线性子空间比如 R^m 来代替 R^n. 这样的最小线性子空间就是这个 D 所含的最大线性无关向量张成的. 这样可以设原点是 D 的内点, 所以我们可以用以原点为极点的极坐标系 (r, θ), 从原点每个方向 θ 发射出来的射线都和这个凸集 D 的边界 ∂D 有唯一的一个交点 (r_θ, θ). 我们对 $r > r_\theta$ 定义 $F(r, \theta) = F(r_\theta, \theta)$. 注意 F 的像没有变化. 于是 F 被连续延拓到整个空间上. 任取一个包含 D

的闭的大球 B, 这样有

$$F : B \to D \subset B.$$

利用上面的 Brouwer 不动点定理知道, 存在 $x \in B$ 使得 $F(x) = x$.
但是, $F(x) \in D$, 即有 $x \in D$.

证毕.

现在我们给出 Brouwer 不动点定理的一个有趣的推论.

推论 17.4　给定闭单位球上的光滑向量场 $V : \overline{B} \subset R^n \to R^n$,
且它在边界上满足 $V(x) \cdot x \geqslant 0$, $|x| = 1$. 那么存在这个闭球的一个
点 $p \in \overline{B}$ 使得 $V(p) = 0$.

证明　假如不然, 我们定义

$$Z(x) = -V(x)/|V(x)|, \quad x \in \overline{B}.$$

那么 $Z : \overline{B} \to \partial B$, 根据 Brouwer 不动点定理知, 存在 Z 的一个不动
点 p, $Z(p) = p$. 于是, $p| = |Z(p)| = |V(p)|/|V(p)| = 1$. 但是, 利用假
设我们有

$$1 = |p|^2 = p \cdot Z(p) = -p \cdot V(p)/|V(p)| \leqslant 0,$$

矛盾. 于是必然有闭球的一个点 $p \in \overline{B}$ 使得 $V(p) = 0$. 证毕.

作业题

1. 给定 $F : R^n \to R^n$ 的连续映射. 证明: 要么集合

$$\{x \in R^n; \ \exists \lambda \in [0,1], \ x = \lambda F(x)\}$$

是无界集合, 要么 F 有一个不动点.

提示: 定义

$$A = \{x \in R^n; \ \exists \lambda \in [0,1], \ x = \lambda F(x)\},$$

假设 $A \subset B_M(0)$. 对 $|F(x)| \leqslant M$, 定义 $U(x) = F(x)$; 对 $|F(x)| \geqslant M$,
定义

$$U(x) = MF(x)/|F(x)|.$$

对 $U : B_M(0) \to B_M(0)$ 用 Brouwer 不动点定理.

2. 证明: 对 $p \geqslant 1$, $u \in L^p(\Omega)$, 那么存在 Ω 上的光滑函数列 $u_k(x)$ 在 $L^p(\Omega)$ 上以 L^p 范数收敛到 u.

3. 证明: 假设对 $\alpha \in (0,1)$, $u \in C^\alpha(\Omega)$, 那么对紧集 $D \subset \Omega$,

$$[u_\epsilon]_{\alpha,D} \leqslant [u]_{\alpha,D_\epsilon},$$

这里

$$[u]_{\alpha,\Omega} = \sup_{\{x \neq y \in \Omega\}} \frac{|u(x) - u(y)|}{|x - y|^\alpha}.$$

参考文献

[1] E. M. Stein, R. Shakarchi, Real Analysis, Princeton University Press, Princeton and Oxford, 2005.

[2] K. J. Falconer, Fractal Geometry, Cambridge University Press, London. 有中译本 (人民邮电出版社, 北京, 2007).

[3] G. Edgar, Measures, Topology and Fractal Geometry, UTM, 2nd edition, Springer, 2008.

[4] B. B. Mandelbrot, The Fractal Geometry of Nature, W. H. Freeman, San Francisco, 1982.

[5] C. De Lellis, Rectifiable Sets, Densities and Tangent Measures, Zurich Lect. in Advanced math., European Math. Soc., 2008.

[6] Lin Fanghua, Yang Xiaoping, Geometric Measure Theory — An Introduction, Science Press Beijing/New York, 2002.

[7] L. Simon, Lectures on Geometric Measure Theory, ANU, 1983.

[8] F. Riesz, S. Sz.-Nagy, Functional Analysis, New York, Ungar, 1955. 有中译本 (第一卷, 科学出版社, 北京, 1983).

[9] A. Figalli, The Monge-Ampère Equation and Its Applications, Zurich Lect. in Advanced math., European Math. Soc., 2017.

[10] M. A. Armstrong, Basic Topology, UTM, Springer, 1983.

[11] J. M. Munkres, Topology, 2nd edition, Prentice-Hall Inc., 2004.

[12] Shlomo Sternberg, Dynamics Systems, Harvard University lecture note, 2011.

[13] L. C. Evans, Partial Differential Equations, Graduate Studies in Mathematics, Vol. 19, 2nd edition, AMS, 2010.

名词索引 (按章节)

现代数学基础图书清单

序号	书号	书名	作者
1	9787040217179	代数和编码（第三版）	万哲先 编著
2	9787040221749	应用偏微分方程讲义	姜礼尚、孔德兴、陈志浩
3	9787040235975	实分析（第二版）	程民德、邓东皋、龙瑞麟 编著
4	9787040226171	高等概率论及其应用	胡迪鹤 著
5	9787040243079	线性代数与矩阵论（第二版）	许以超 编著
6	9787040244656	矩阵论	詹兴致
7	9787040244618	可靠性统计	茆诗松、汤银才、王玲玲 编著
8	9787040247503	泛函分析第二教程（第二版）	夏道行 等编著
9	9787040253177	无限维空间上的测度和积分 —— 抽象调和分析（第二版）	夏道行 著
10	9787040257724	奇异摄动问题中的渐近理论	倪明康、林武忠
11	9787040272611	整体微分几何初步（第三版）	沈一兵 编著
12	9787040263602	数论 I —— Fermat 的梦想和类域论	[日]加藤和也、黑川信重、斋藤毅 著
13	9787040263619	数论 II —— 岩泽理论和自守形式	[日]黑川信重、栗原将人、斋藤毅 著
14	9787040380408	微分方程与数学物理问题（中文校订版）	[瑞典]纳伊尔·伊布拉基莫夫 著
15	9787040274868	有限群表示论（第二版）	曹锡华、时俭益
16	9787040274318	实变函数论与泛函分析（上册, 第二版修订本）	夏道行 等编著
17	9787040272482	实变函数论与泛函分析（下册, 第二版修订本）	夏道行 等编著
18	9787040287073	现代极限理论及其在随机结构中的应用	苏淳、冯群强、刘杰 著
19	9787040304480	偏微分方程	孔德兴
20	9787040310696	几何与拓扑的概念导引	古志鸣 编著
21	9787040316117	控制论中的矩阵计算	徐树方 著
22	9787040316988	多项式代数	王东明 等编著
23	9787040319668	矩阵计算六讲	徐树方、钱江 著
24	9787040319583	变分学讲义	张恭庆 编著
25	9787040322811	现代极小曲面讲义	[巴西]F. Xavier、潮小李 编著
26	9787040327113	群表示论	丘维声 编著
27	9787040346756	可靠性数学引论（修订版）	曹晋华、程侃 著
28	9787040343113	复变函数专题选讲	余家荣、路见可 主编
29	9787040357387	次正常算子解析理论	夏道行
30	9787040348347	数论 —— 从同余的观点出发	蔡天新

序号	书号	书名	作者
31	9787040362688	多复变函数论	萧荫堂、陈志华、钟家庆
32	9787040361681	工程数学的新方法	蒋耀林
33	9787040345254	现代芬斯勒几何初步	沈一兵、沈忠民
34	9787040364729	数论基础	潘承洞 著
35	9787040369502	Toeplitz 系统预处理方法	金小庆 著
36	9787040370379	索伯列夫空间	王明新
37	9787040372526	伽罗瓦理论 —— 天才的激情	章璞 著
38	9787040372663	李代数（第二版）	万哲先 编著
39	9787040386516	实分析中的反例	汪林
40	9787040388909	泛函分析中的反例	汪林
41	9787040373783	拓扑线性空间与算子谱理论	刘培德
42	9787040318456	旋量代数与李群、李代数	戴建生 著
43	9787040332605	格论导引	方捷
44	9787040395037	李群讲义	项武义、侯自新、孟道骥
45	9787040395020	古典几何学	项武义、王申怀、潘养廉
46	9787040404586	黎曼几何初步	伍鸿熙、沈纯理、虞言林
47	9787040410570	高等线性代数学	黎景辉、白正简、周国晖
48	9787040413052	实分析与泛函分析（续论）（上册）	匡继昌
49	9787040412857	实分析与泛函分析（续论）（下册）	匡继昌
50	9787040412239	微分动力系统	文兰
51	9787040413502	阶的估计基础	潘承洞、于秀源
52	9787040415131	非线性泛函分析（第三版）	郭大钧
53	9787040414080	代数学（上）（第二版）	莫宗坚、蓝以中、赵春来
54	9787040414202	代数学（下）（修订版）	莫宗坚、蓝以中、赵春来
55	9787040418736	代数编码与密码	许以超、马松雅 编著
56	9787040439137	数学分析中的问题和反例	汪林
57	9787040440485	椭圆型偏微分方程	刘宪高
58	9787040464832	代数数论	黎景辉
59	9787040456134	调和分析	林钦诚
60	9787040468625	紧黎曼曲面引论	伍鸿熙、吕以辇、陈志华
61	9787040476743	拟线性椭圆型方程的现代变分方法	沈尧天、王友军、李周欣

序号	书号	书名	作者
62	9787040479263	非线性泛函分析	袁荣
63	9787040496369	现代调和分析及其应用讲义	苗长兴
64	9787040497595	拓扑空间与线性拓扑空间中的反例	汪林
65	9787040505498	Hilbert 空间上的广义逆算子与 Fredholm 算子	海国君、阿拉坦仓
66	9787040507249	基础代数学讲义	章璞、吴泉水
67.1	9787040507256	代数学方法（第一卷）基础架构	李文威
68	9787040522631	科学计算中的偏微分方程数值解法	张文生
69	9787040534597	非线性分析方法	张恭庆
70	9787040544893	旋量代数与李群、李代数（修订版）	戴建生
71	9787040548846	黎曼几何选讲	伍鸿熙、陈维桓
72	9787040550726	从三角形内角和谈起	虞言林
73	9787040563665	流形上的几何与分析	张伟平、冯惠涛
74	9787040562101	代数几何讲义	胥鸣伟
75	9787040580457	分形和现代分析引论	马力

购书网站：高教书城（www.hepmall.com.cn），高教天猫（gdjycbs.tmall.com），京东，当当，微店

其他订购办法：

各使用单位可向高等教育出版社电子商务部汇款订购。书款通过银行转账，支付成功后请将购买信息发邮件或传真，以便及时发货。购书免邮费，发票随书寄出（大批量订购图书，发票随后寄出）。

单位地址：北京西城区德外大街 4 号
电　　话：010-58581118
传　　真：010-58581113
电子邮箱：gjdzfwb@pub.hep.cn

通过银行转账：
户　　名：高等教育出版社有限公司
开 户 行：交通银行北京马甸支行
银行账号：110060437018010037603

郑重声明

高等教育出版社依法对本书享有专有出版权。任何未经许可的复制、销售行为均违反《中华人民共和国著作权法》,其行为人将承担相应的民事责任和行政责任;构成犯罪的,将被依法追究刑事责任。为了维护市场秩序,保护读者的合法权益,避免读者误用盗版书造成不良后果,我社将配合行政执法部门和司法机关对违法犯罪的单位和个人进行严厉打击。社会各界人士如发现上述侵权行为,希望及时举报,本社将奖励举报有功人员。

反盗版举报电话　(010) 58581999　58582371　58582488
反盗版举报传真　(010) 82086060
反盗版举报邮箱　dd@hep.com.cn
通信地址　北京市西城区德外大街 4 号
　　　　　高等教育出版社法律事务与版权管理部
邮政编码　100120